JN234861

電子情報通信レクチャーシリーズ **C-9**

コンピュータアーキテクチャ

電子情報通信学会●編

坂井修一 著

コロナ社

▶電子情報通信学会 教科書委員会 企画委員会◀

- ●委員長　　　　　原島　　博（東京大学教授）
- ●幹事（五十音順）
  - 石塚　　満（東京大学教授）
  - 大石　進一（早稲田大学教授）
  - 中川　正雄（慶應義塾大学教授）
  - 古屋　一仁（東京工業大学教授）

▶電子情報通信学会 教科書委員会◀

- ●委員長　　　　辻井　重男（情報セキュリティ大学院大学学長／中央大学研究開発機構教授／東京工業大学名誉教授）
- ●副委員長　　　長尾　　真（情報通信研究機構理事長／前京都大学総長／京都大学名誉教授）
  - 神谷　武志（大学評価・学位授与機構教授／東京大学名誉教授）
- ●幹事長兼企画委員長　原島　　博（東京大学教授）
- ●幹事（五十音順）
  - 石塚　　満（東京大学教授）
  - 大石　進一（早稲田大学教授）
  - 中川　正雄（慶應義塾大学教授）
  - 古屋　一仁（東京工業大学教授）
- ●委員　　　　　122名

(2004年4月現在)

刊行のことば

　新世紀の開幕を控えた1990年代，本学会が対象とする学問と技術の広がりと奥行きは飛躍的に拡大し，電子情報通信技術とほぼ同義語としての"IT"が連日，新聞紙面を賑わすようになった．

　いわゆるIT革命に対する感度は人により様々であるとしても，ITが経済，行政，教育，文化，医療，福祉，環境など社会全般のインフラストラクチャとなり，グローバルなスケールで文明の構造と人々の心のありさまを変えつつあることは間違いない．

　また，政府がITと並ぶ科学技術政策の重点として掲げるナノテクノロジーやバイオテクノロジーも本学会が直接，あるいは間接に対象とするフロンティアである．例えば工学にとって，これまで教養的色彩の強かった量子力学は，今やナノテクノロジーや量子コンピュータの研究開発に不可欠な実学的手法となった．

　こうした技術と人間・社会とのかかわりの深まりや学術の広がりを踏まえて，本学会は1999年，教科書委員会を発足させ，約2年間をかけて新しい教科書シリーズの構想を練り，高専，大学学部学生，及び大学院学生を主な対象として，共通，基礎，基盤，展開の諸段階からなる60余冊の教科書を刊行することとした．

　分野の広がりに加えて，ビジュアルな説明に重点をおいて理解を深めるよう配慮したのも本シリーズの特長である．しかし，受身的な読み方だけでは，書かれた内容を活用することはできない．"分かる"とは，自分なりの論理で対象を再構築することである．研究開発の将来を担う学生諸君には是非そのような積極的な読み方をしていただきたい．

　さて，IT社会が目指す人類の普遍的価値は何かと改めて問われれば，それは，安定性とのバランスが保たれる中での自由の拡大ではないだろうか．

　哲学者ヘーゲルは，"世界史とは，人間の自由の意識の進歩のことであり，…その進歩の必然性を我々は認識しなければならない"と歴史哲学講義で述べている．"自由"には利便性の向上や自己決定・選択幅の拡大など多様な意味が込められよう．電子情報通信技術による自由の拡大は，様々な矛盾や相克あるいは摩擦を引き起こすことも事実であるが，それらのマイナス面を最小化しつつ，我々はヘーゲルの時代的，地域的制約を超えて，人々の幸福感を高めるような自由の拡大を目指したいものである．

　学生諸君が，そのような夢と気概をもって勉学し，将来，各自の才能を十分に発揮して活躍していただくための知的資産として本教科書シリーズが役立つことを執筆者らと共に願っ

ている．

　なお，昭和55年以来発刊してきた電子情報通信学会大学シリーズも，現代的価値を持ち続けているので，本シリーズとあわせ，利用していただければ幸いである．

　終わりに本シリーズの発刊にご協力いただいた多くの方々に深い感謝の意を表しておきたい．

　2002年3月　　　　　　　　　　　　　　　　　　　　電子情報通信学会　教科書委員会

　　　　　　　　　　　　　　　　　　　　　　　　　　　　委員長　辻　井　重　男

まえがき

いうまでもなくコンピュータはIT時代の主役である．こんにちのコンピュータは，サーバやパソコンだけでなく，携帯電話，テレビ，エアコン，オーディオ，自動車など，情報を整形・伝達したり，機器を制御したり，画像を表示したりする，あらゆるものに入っている．コンピュータの仕組みを理解することは，情報処理の研究者・技術者だけでなく，理科系のほとんどの人々に（場合によっては文科系の人にも）必要なことであろう．

コンピュータアーキテクチャとは，ソフトウェアとハードウェアのインタフェースのことである．より簡単にいえば，ソフトウェアの立場から見てハードウェアがどう働くかを記述したものである．

本書は，初めてコンピュータアーキテクチャを学ぶ人を対象とし，アーキテクチャの基本を学んでもらうことを主目的としている．本書を読むのには，多量の予備知識を必要としてはいないが，論理回路の入門書を1冊，座右に置いてときどき参照していただきたい．すでに論理回路を学ばれた人には，これも不要であろう．

本書の特徴は，1本の電線からコンピュータまで，その本質を最も分かりやすく簡明に記したことにある．枝葉は個々のマイクロプロセッサのマニュアルを読めばいくらでも学べる．本書では，コンピュータがなぜプログラムを実行できるのか，その一点が分かることを主目的にして，徹頭徹尾単純に書いたつもりである．その上で，性能向上の原点であるパイプライン処理，命令レベル並列処理，記憶階層について説明した．章末の「理解度の確認」もこうした基本の理解を助けるためのものであり，読者はできるだけ全問題を解くことを試みてほしい．

本書を順番に読んでいただければゼロから着実に知識が身につくだろう．あるいは既にいくらか知識のある人は，未知のことがらの書かれている章からはじめて，ときどき前の章を参照する，というやりかたで読んでいただければ十分である．

現実のコンピュータはいまも指数関数的に発展し続けている．しかし，最先端のハイエンドマイクロプロセッサも，本書にしっかり記述されている基礎技術の上にあるといってよい．読者が本書をきっかけとして，最先端のアーキテクチャ技術を学ばれるところまで進まれることを，著者として切望する次第である．

本書を著すにあたってお世話いただいた電子情報通信学会教科書委員会の 原島 博 先生，石塚 満 先生，村岡 洋一 先生にお礼を申し上げたい．本書がほぼ予定どおり刊行できるの

はこの方々のおかげである．また，本書を著すにあたっては細心の注意を払ったつもりであるが，なお内容・字句に不十分なところがあるかもしれない．この点，読者諸賢のご叱責を賜ればありがたい．特に本シリーズの眼目である「図解」の図の部分についてのご意見をうかがわせていただければありがたく思う．

2004 年 2 月

坂 井 修 一

目　次

1. はじめに

1.1　ディジタルな表現 …………………………………………………… 2
　　1.1.1　1本の線から ……………………………………………… 2
　　1.1.2　n本の線にしてみよう ………………………………… 3
　　1.1.3　負　の　数 ………………………………………………… 4
　　1.1.4　実　　　数 ………………………………………………… 4
談話室　10本の指で数を表現 …………………………………………… 5
1.2　計　算　す　る ……………………………………………………… 6
　　1.2.1　計算とはなにか …………………………………………… 6
　　1.2.2　1ビットの加算 …………………………………………… 7
　　1.2.3　nビット加算器 ………………………………………… 8
　　1.2.4　減算の実現 ………………………………………………… 9
　　1.2.5　ALU ………………………………………………………… 9
1.3　計算のサイクル ……………………………………………………… 10
　　1.3.1　フリップフロップ ………………………………………… 11
　　1.3.2　レジスタ …………………………………………………… 12
　　1.3.3　レジスタとALUの結合 ………………………………… 13
本章のまとめ ……………………………………………………………… 14
理解度の確認 ……………………………………………………………… 14

2. データの流れと制御の流れ

2.1　主記憶装置 …………………………………………………………… 16
　　2.1.1　レジスタとALUだけでは計算はできない …………… 16
　　2.1.2　主記憶装置 ………………………………………………… 16
　　2.1.3　メモリの構成 ……………………………………………… 17

		2.1.4	メモリの分類 …………………………………	19
		2.1.5	レジスタファイル ……………………………	21
		2.1.6	主記憶装置の接続 ……………………………	22
	2.2	命令とはなにか ………………………………………		23
		2.2.1	命　　　令 ……………………………………	23
		2.2.2	命令実行の仕組み ……………………………	24
		2.2.3	算術論理演算命令の実行サイクル …………	25
		2.2.4	メモリ操作命令の実行サイクル ……………	26
	2.3	シーケンサ ………………………………………………		27
		2.3.1	シーケンサとはなにか ………………………	27
		2.3.2	条件分岐命令の実行サイクル ………………	29
本章のまとめ ………………………………………………………				30
理解度の確認 ………………………………………………………				30

3. 命令セットアーキテクチャ

	3.1	命令の表現形式とアセンブリ言語 ………………………		32
		3.1.1	操作とオペランド ……………………………	32
		3.1.2	命令の表現形式 ………………………………	32
		3.1.3	命令フィールド ………………………………	33
		3.1.4	アセンブリ言語 ………………………………	35
	3.2	命令セット ………………………………………………		35
		3.2.1	算術論理演算命令 ……………………………	35
		3.2.2	データ移動命令 ………………………………	38
		3.2.3	分 岐 命 令 ……………………………………	39
	3.3	アドレシング …………………………………………		41
		3.3.1	アドレシングの種類 …………………………	41
		3.3.2	バイトアドレシングとエンディアン ………	43
		3.3.3	ゼロレジスタと定数の生成 …………………	43
	3.4	サブルーチンの実現 …………………………………		44
		3.4.1	サブルーチンの基本 …………………………	44
		3.4.2	サブルーチンの手順 …………………………	45
		3.4.3	スタックによるサブルーチンの実現 ………	46

　　　　3.4.4　サブルーチンのプログラム ………………………… 47
談話室　CISC と RISC ……………………………………………… 48
本章のまとめ ………………………………………………………… 49
理解度の確認 ………………………………………………………… 49

4. パイプライン処理

　4.1　命令パイプライン ………………………………………… 52
　　　4.1.1　パイプラインの原理 ………………………………… 52
　　　4.1.2　命令パイプラインの基本 …………………………… 53
　　　4.1.3　基本命令パイプラインの実現 ……………………… 54
　4.2　基本命令パイプラインの阻害要因 ………………………… 56
　　　4.2.1　オーバヘッド ………………………………………… 56
　　　4.2.2　ハ ザ ー ド …………………………………………… 57
　　　4.2.3　構造ハザード ………………………………………… 57
　　　4.2.4　データハザード ……………………………………… 58
　　　4.2.5　制御ハザード ………………………………………… 59
　4.3　ハザードの解決法 …………………………………………… 60
　　　4.3.1　フォワーディングによるデータハザードの解消 …… 60
　　　4.3.2　命令アドレス生成のタイミング …………………… 61
　　　4.3.3　遅 延 分 岐 …………………………………………… 62
　　　4.3.4　分 岐 予 測 …………………………………………… 63
　　　4.3.5　命令スケジューリング ……………………………… 66
本章のまとめ ………………………………………………………… 67
理解度の確認 ………………………………………………………… 68

5. キャッシュと仮想記憶

　5.1　記 憶 階 層 …………………………………………………… 70
　　　5.1.1　命令パイプラインとメモリ ………………………… 70
　　　5.1.2　記憶階層と局所性 …………………………………… 71
　　　5.1.3　透 過 性 ……………………………………………… 72

5.2 キャッシュ …………………………………… 72
　5.2.1 キャッシュとはなにか ………………… 73
　5.2.2 ライトスルーとライトバック ………… 74
　5.2.3 ダイレクトマップ形キャッシュの機構と動作 …………… 75
　5.2.4 キャッシュミス ………………………… 77
　5.2.5 フルアソシアティブ形キャッシュと
　　　　セットアソシアティブ形キャッシュ ………… 78
　5.2.6 キャッシュの入った CPU ……………… 80
　5.2.7 キャッシュの性能 ……………………… 82
5.3 仮想記憶 …………………………………… 83
　5.3.1 仮想記憶とはなにか …………………… 84
　5.3.2 仮想記憶の構成 ………………………… 84
　5.3.3 ページフォールト ……………………… 85
　5.3.4 TLB ……………………………………… 86
5.4 メモリアクセス機構 ……………………… 87
　5.4.1 キャッシュと仮想記憶 ………………… 87
　5.4.2 メモリアクセス機構 …………………… 89
談話室　透過性と互換性 ……………………… 90
本章のまとめ …………………………………… 91
理解度の確認 …………………………………… 92

6. 命令レベル並列処理とアウトオブオーダ処理

6.1 命令レベル並列処理 ……………………… 94
　6.1.1 並列処理 ………………………………… 94
　6.1.2 並列処理パイプライン ………………… 95
6.2 VLIW ……………………………………… 96
　6.2.1 VLIW プロセッサの構成と動作 ……… 96
　6.2.2 VLIW の特徴 …………………………… 97
6.3 スーパスカラ ……………………………… 97
　6.3.1 スーパスカラプロセッサの構成と動作 ………… 98
　6.3.2 並列処理とハザード …………………… 99
　6.3.3 VLIW とスーパスカラの比較 ………… 100

6.4 静的最適化 100
6.4.1 機械語プログラムと命令間依存性 100
6.4.2 ループアンローリング 101
6.4.3 ソフトウェアパイプライニング 104
6.4.4 トレーススケジューリング 105
6.5 アウトオブオーダ処理 106
6.5.1 アウトオブオーダ処理とはなにか 106
6.5.2 データ依存再考 108
6.5.3 アウトオブオーダ処理の機構 110
6.6 レジスタリネーミング 111
6.6.1 ソフトウェアによるレジスタリネーミング 111
6.6.2 ハードウェアによるレジスタリネーミング（1）
—マッピングテーブル— 112
6.6.3 ハードウェアによるレジスタリネーミング（2）
—リオーダバッファ— 114
6.7 スーパスカラプロセッサの構成 116
6.7.1 アウトオブオーダ処理を行うプロセッサの構成 116
6.7.2 プロセッサの性能 117
本章のまとめ 119
理解度の確認 120

7. 入出力と周辺装置

7.1 周辺装置 122
7.1.1 周辺装置の分類 122
7.1.2 液晶ディスプレイ 123
7.1.3 磁気ディスク 125
7.2 入出力の機構と動作 127
7.2.1 ハードウェアインタフェース 127
7.2.2 データ転送の手順 128
7.2.3 割込みの調停 128
7.2.4 DMA 130
7.3 例外処理 132

　　　　　　7.3.1　例外の要因 …………………………………… *132*
　　　　　　7.3.2　例外処理の手順 ……………………………… *132*
　　　本章のまとめ ……………………………………………… *133*
　　　理解度の確認 ……………………………………………… *134*

引用・参考文献 ………………………………………… *135*
理解度の確認；解説 …………………………………… *136*
あ と が き ……………………………………………… *142*
索　　　　引 ……………………………………………… *143*

1 はじめに

　本章では,「ディジタル信号とはなにか」から,データの表現,計算するための基本機構である ALU とレジスタの結合までを学ぶ.コンピュータの基礎の基礎であり,既にご存知の学習者はとばしてもよいが,少しでも不安のある読者は一読されることを勧めたい.

1.1 ディジタルな表現

データの表現には，アナログ的なやりかたとディジタル的なやりかたがある．現在のほとんどのコンピュータはディジタルな表現をとっている．n 本の線で n 桁の 2 進数が表現され，これを移動・整形することで演算が進められる．n 本の線で，正の整数だけでなく，負の数や実数を表現することができる．

1.1.1 1 本の線から

初めに，1 本の電線からはじめよう（図 1.1）．この電線上に信号が乗る．信号を書き込んだり，遠くへ運んだりたり，読み出したりすることで，データが伝えられる．

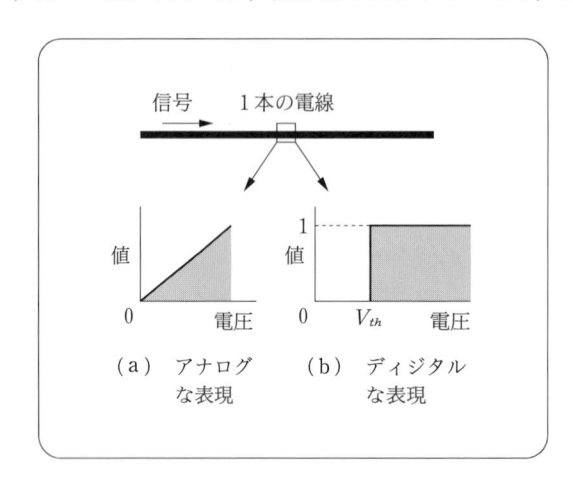

図 1.1 1 本の電線と信号

電線上の信号が電圧で表されるとする．ここで，信号の値が電圧に比例したものであるとすると，1 本の線で一つの信号が表される．これを，**アナログ**（analogue）**な表現**と呼ぶ（図 (a)）．これに対して，信号の値は，高電圧か低電圧かによって 1 か 0 の 2 値を表現したものと考えることもできる（図 (b)）．これを，**ディジタル**（digital）**な表現**と呼ぶ．図 (b) では，電圧 V_{th} をしきい値（threshold）として，これより低い電圧ならば値は 0，これより高い電圧ならば値は 1 と定めている．

アナログな表現は，1 本の線で一つの量を表現できる利点があるが，精度を高くするのがむずかしい，雑音に弱い，「記憶」がむずかしい，などの欠点がある．これに対してディジ

タルな表現は，一つの量を表現するのに複数の線が必要になるが，雑音に強い，汎用性が高く，記憶も高密度で正確，などの利点がある．

こんにち，ほとんどのデータは一度ディジタルな表現に整形されてから用いられる．このようなディジタルなデータを記憶したり，整形したり，計算したり，入力したり，出力したりする主役が本書で登場するディジタルコンピュータ（以下，単にコンピュータ）である．

1.1.2　n本の線にしてみよう

データ表現に2進法をとった場合，1本の線で表現できるのは，0か1の2種類のデータだけである．ここに1本の線の情報量を**1ビット**（bit）と呼ぶ．2進数でn桁の数を表現するには，n本の線を使う（**図1.2**）．これでnビットが表現される．ある2進数を10進数で表すとどうなるだろうか．両者の変換のやりかたについては論理回路の教科書にゆずるとして，**表1.1**に4桁の2進数と10進数の対応表を示す．このように，2進数はある数を表現するのに多くの桁を必要とするが，一つひとつの桁は0か1となって単純である．

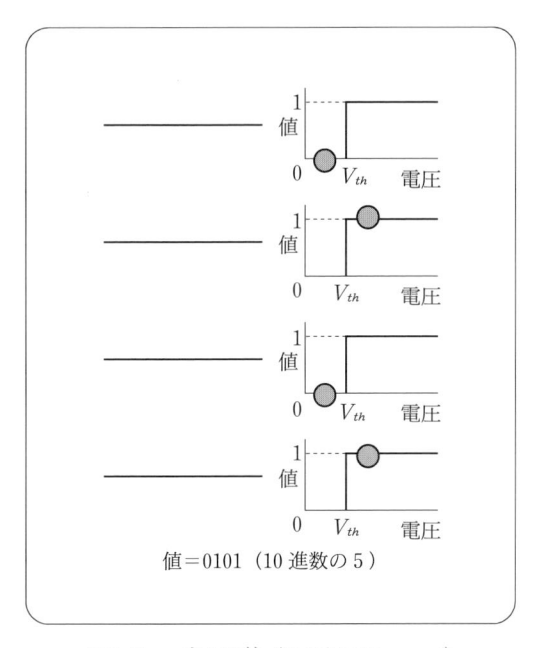

表1.1　2進数と10進数の対応表

2進数	10進数	2進数	10進数
0	0	1000	8
1	1	1001	9
10	2	1010	10
11	3	1011	11
100	4	1100	12
101	5	1101	13
110	6	1110	14
111	7	1111	15

図1.2　n本の電線（この例では$n=4$）

基準となる桁数nはコンピュータによって異なるが，近年，パソコンやワークステーションで使われているマイクロプロセッサ（microprocessor）の場合，これは32または64であることが多い．組込み形CPU（central processing unit）の場合，これは8や16のこともある．基準となるnビットのデータのことを**語**（word）と呼び，nを**語長**（word length)と呼ぶ．n 本の線では，0 から $2^n - 1$ までの数を表すことができる．

1.1.3　負の数

われわれの扱う数は，正の整数ばかりではない．負の数もあるし，実数もある．

2進数で負の数を表すためには，**補数**（complement）**表示**を用いる．補数表示とは，最上位のビットを符号を表すものとし，これが0のとき正の数，1のとき負の数とみなすという数の表現法である．補数表示によって，電子計算機の中では，加減算はすべて正の加算とわずかな補正だけで行えるようになる．現在のコンピュータでは，2の補数（2's complement）によって負の数を表す（**図1.3**）．

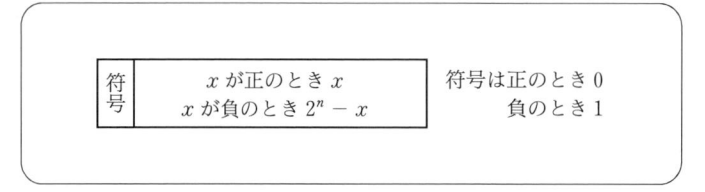

| 符号 | x が正のとき x
x が負のとき $2^n - x$ | 符号は正のとき 0
負のとき 1 |

図1.3　2の補数による負の数の表現

2の補数表示では，負の数 $-x$ を表すのに，$2^n - x$ を用いる．2の補数は，x の各桁の1と0を反転し，結果に1を加えたものとなる．

いま，4桁の数を例として考えると，-6 の2の補数表示は 1010 となる．

2の補数表示をとった場合，-2^{n-1} から $2^{n-1} - 1$ までの数を表すことができる．

1.1.4　実数

次に実数の表現法について学ぶ．実数の表現法には，大きく分けて次の二つがある．

〔1〕**固定小数点による表現**　整数の表現と同じであるが，何桁目かに小数点があると約束しておく．特別な回路を用意する必要はないが，演算（特に乗算と除算）をするたびに小数点の位置合わせのためのシフト（shift，桁移動）が必要になる．シフトはプログラマがプログラムしてやらなくてはならない．

〔2〕**浮動小数点による表現**　符号，数値，桁数を決められたそれぞれビット数で表現する．通常，演算のために特別な回路を用意する．そうすれば，演算に際して，プログラムによる補正は不要となる．

図1.4に，32ビットで有効数字23桁，2進数で±127桁を浮動小数点によって表現したものを示す．

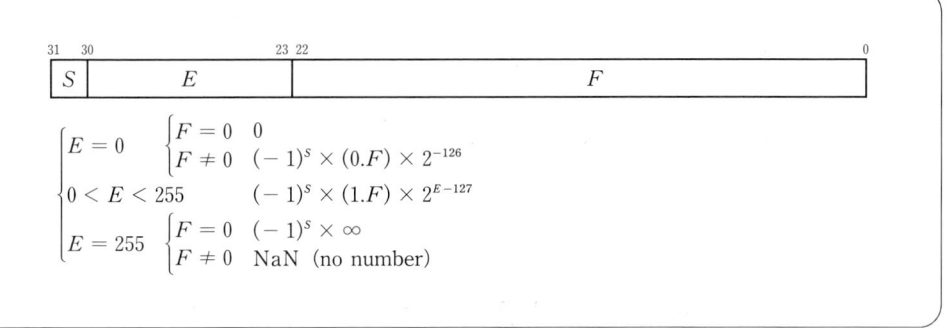

$$\begin{cases} E = 0 & \begin{cases} F = 0 & 0 \\ F \neq 0 & (-1)^s \times (0.F) \times 2^{-126} \end{cases} \\ 0 < E < 255 & (-1)^s \times (1.F) \times 2^{E-127} \\ E = 255 & \begin{cases} F = 0 & (-1)^s \times \infty \\ F \neq 0 & \text{NaN (no number)} \end{cases} \end{cases}$$

図 1.4 32 ビットの浮動小数点による実数の表現

　固定小数点，浮動小数点のどちらをとるにしても，有効桁数以上の精度で実数を表現することはできないため，これを超える数については近似値で表す．近似によって生じる誤差については，プログラムを作るときに十分に神経を使わなければならない．

☕ 談 話 室 ☕

10 本の指で数を表現　　人間は 10 本指があるから 10 進数で物を数えるようになったといわれる．しかし，10 本も指を使って，$\log_2 10$ ビットの情報量しか表さないのは，いささかもったいない話である．1 本の指の曲げ伸ばしの情報量は 1 ビットであり，10 本あれば 10 ビット，すなわち 1 024 個の数が表現できるはずである．

　実際に，2 進数の 0 から 1 023 までを手の指で表現することができる．手のひらを上にして両方の手を出し，指を 1 本も立てない（両手ともにじゃんけんのグーの）状態を 0 とする．ここから右手の親指だけを立てた状態を 1，右手の人差し指を立てた状態を 2（2 進数の 10），右手の親指と人差し指を同時に立てた状態を 3（2 進数の 11），右手の中指を立てた状態を 4，と数えていけば，指を 10 本すべて立てた状態で 1 023 を表すことになる．図 1.5(a) は 5 を，図 (b) は 801 を表している．

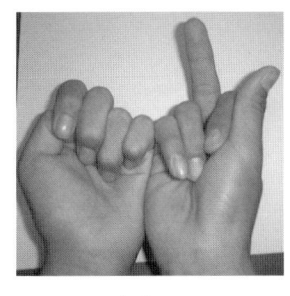

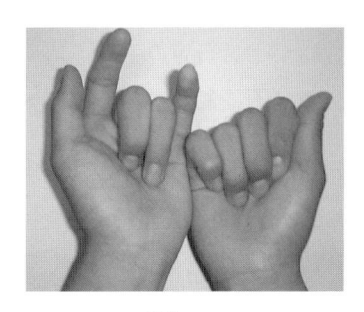

(a)　5　　　　　　　　(b)　801

図 1.5 指による 2 進数の表現

すべての数を表すために関節が都合よく動くかどうかは人によるが，読者諸賢は，本節を読み終えたところで一度頭を空にして，10ビットの数え上げをやってみてはいかがだろうか．

1.2 計算する

1ビットのデータあるいはnビットのデータを加算したり減算したりして，計算することを考える．計算は論理式で表現され，組合せ論理回路として実現される．本節では，組合せ論理回路の詳細ははぶき，計算をする回路が何であるか，これをどう使うのかの基本を学ぶ．

1.2.1 計算とはなにか

計算とは，1個以上のデータから新たなデータを作ることである．コンピュータではすべてのデータは2進数で表されるから，これは，1個以上の2進数から，新たに1個以上の2進数を作る関数を定義することになる．こうした関数を**論理関数**（logic function）といい，論理関数を実現する回路のことを**組合せ論理回路**（combinatorial logic circuit）または単に**組合せ回路**（combinatorial circuit）という．組合せ論理回路の設計の一般論は，論理回路の教科書にゆずるが，ここでは次の2点だけを確認しておく．

① すべての組合せ論理回路は，数種類の基本素子を用いて作ることができる．
② 組合せ論理回路は，一定の手順によって簡単化できる．ここで簡単化とは，回路規模を小さくし，遅延を短くすることをいう．

図1.6に代表的な組合せ論理回路の基本素子を示す．図で，W, X, Yが入力であり，Zが出力である．素子の図の右に記した表は，与えられた入力に対する出力の値を示したもので，**真理値表**と呼ばれる．各素子は数個のトランジスタを組み合わせた簡単な電子回路として作ることができる．

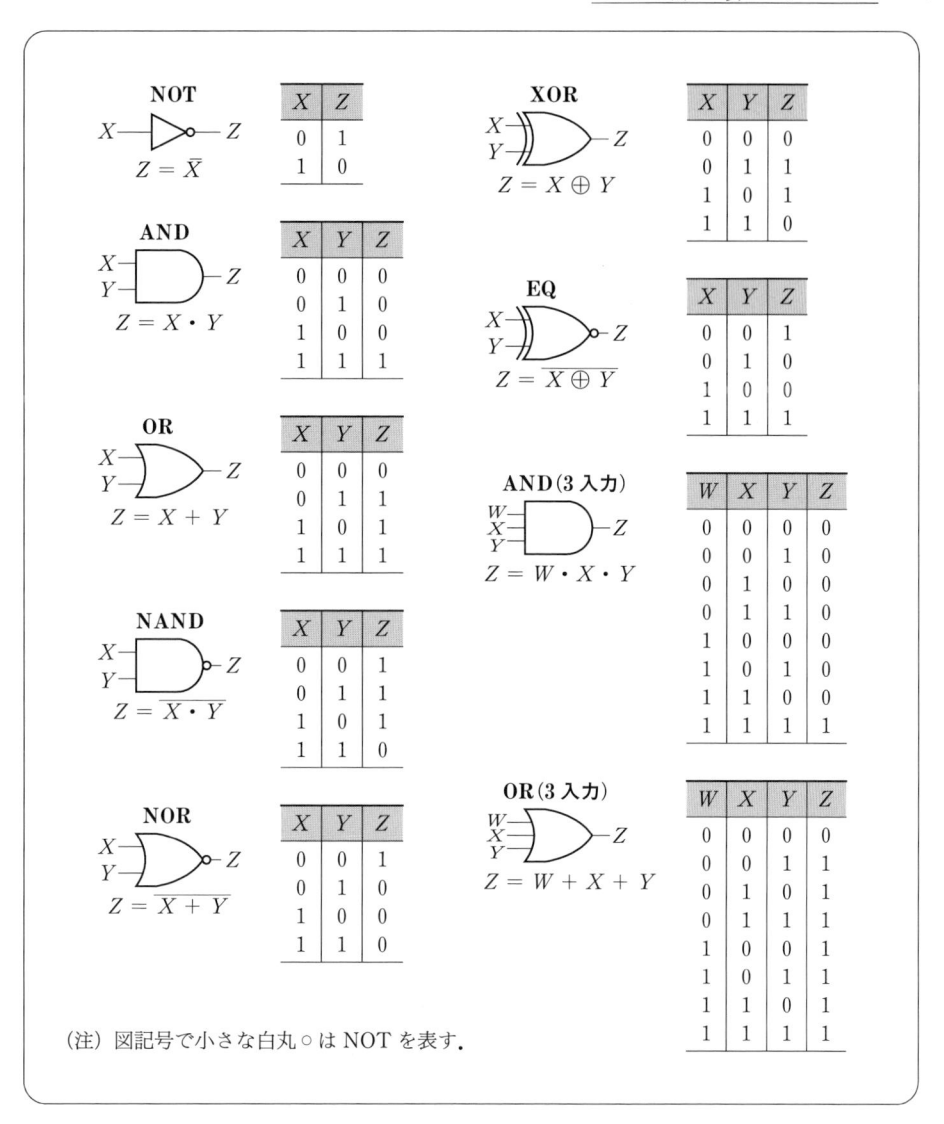

図 1.6　組合せ論理回路の基本素子

1.2.2　1 ビットの加算

加算はすべての演算の基本である．図 1.7 に 1 ビットの加算を行う回路を示す．図 (a) は下位の桁からの桁上げ（carry in）がない場合，図 (b) は下位の桁からの桁上げがある場合（図の C_{in}）である．

1 ビットの加算の回路は，入力 X，Y（と C_{in}）を加算して，和 S と桁上げ出力 C_{out} を得るものである．

8   1. は じ め に

(a) 下位からの桁上げがない場合   (b) 下位からの桁上げがある場合

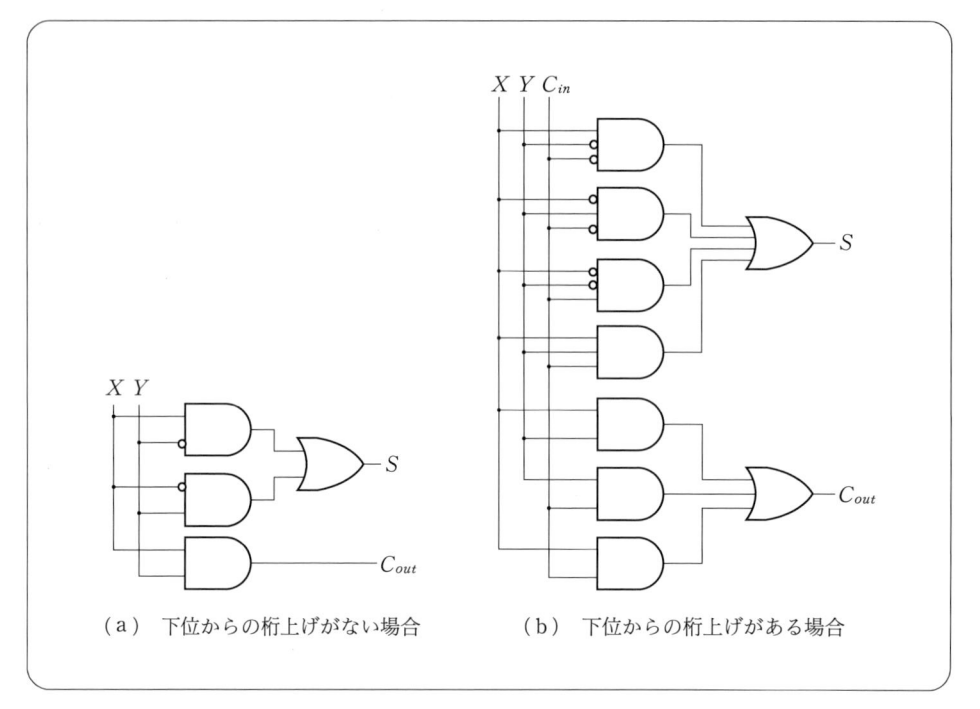

図 1.7 1 ビットの加算を行う回路

1.2.3 n ビット加算器

図 1.7(b) の回路を n 個並べ,それぞれの桁上げ出力を一つ上位の桁上げ入力につないでみよう(**図 1.8**).これで,n ビット加算器ができたことになる.図で,C_i は i 桁目の桁上

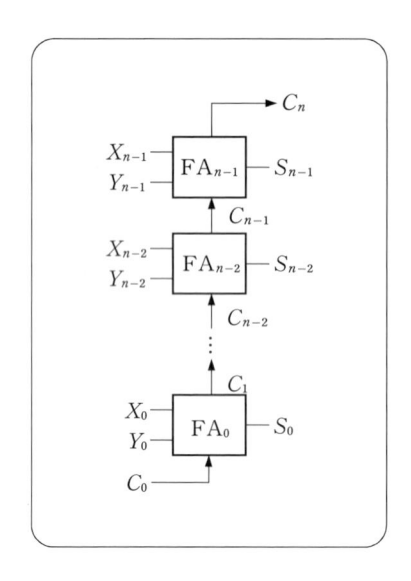

FA$_i$:i 番目のビット
の加算回路

図 1.8 n ビット加算器

げ出力を表す．

図1.8の回路で生成に最も時間のかかる出力信号は，C_nである．現実のコンピュータで使われる加算器では，桁上げを高速に計算するための工夫がなされている．

1.2.4　減算の実現

減算$X - Y$は，$X + (-Y)$を計算すればよい．$(-Y)$はYの2の補数をとれば求められる．1.1.3項で述べたとおり，2の補数は，Yの各桁の1と0を反転し，結果に1を加えたものとなる．このことから，nビット減算器は，図1.8のようなnビット加算器と，NOT回路で作ることができる．これを**図1.9**(a)に示す（最下位の桁上げ入力に1を入れている点に注意せよ）．

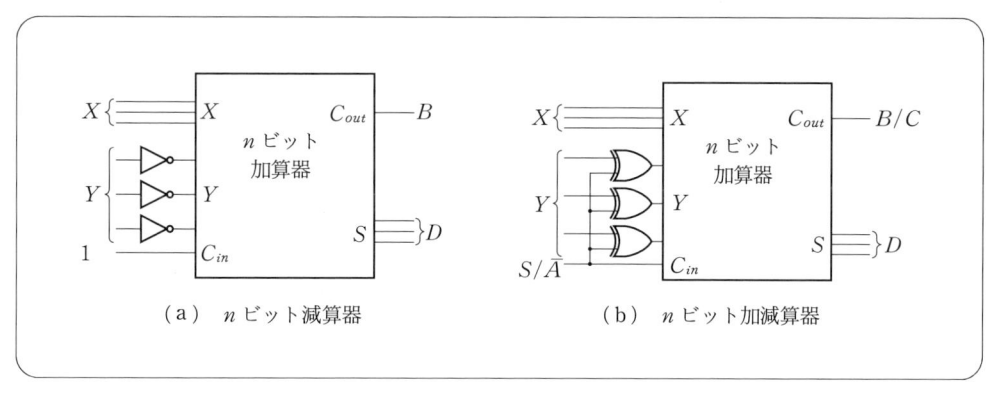

図1.9　減算器と加減算器

図(a)は内部に加算器を含んでいるので，これを減算器としてだけ使うのはもったいない．そこで図(b)のようにすれば，nビットの加算と減算を両方実行できる回路（加減算器）となる．図中で，信号$S/\overline{A}$は回路の動作を決める制御信号であり，この回路は$S/\overline{A} = 0$のとき加算器となり，$S/\overline{A} = 1$のとき減算器となる．

1.2.5　ALU

マイクロプロセッサの中には加減算器をもう少し複雑にした演算器が入っている．これは通常，**ALU**（arithmetic logic unit，**算術論理ユニット**）と呼ばれる．ALUは，加減算のほかに，AND，OR，NOTなどの論理演算や±1の計算などを行う．**図1.10**に最も典型的なALUである74181形ALUを示す．ここでは4ビットのALUを示しているが，これを複数用いて桁上げを上位に伝えることで，任意の語長のALUを作ることができる．

10　　1. は　じ　め　に

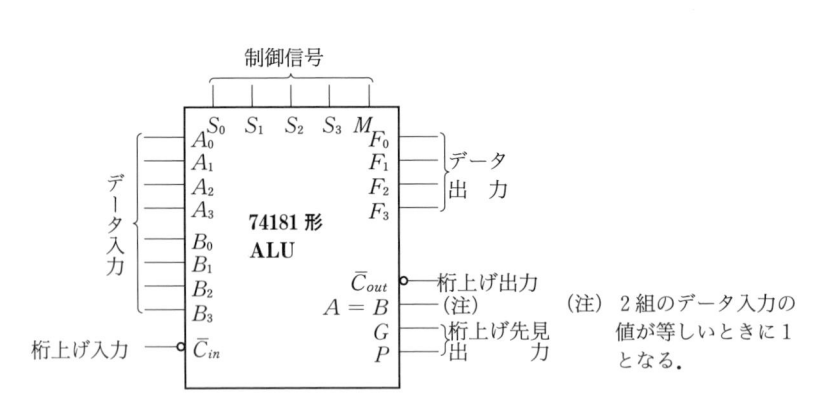

(a) 入出力線

制御信号 $S_3\ S_2\ S_1\ S_0$	$M=1$: 論理演算	$M=0$：算術演算	
		$\overline{C}_{in}=0$	$\overline{C}_{in}=1$
0 0 0 0	$F=\overline{A}$	$F=A$	$F=A\,\text{PLUS}\,1$
0 0 0 1	$F=\overline{A+B}$	$F=A+B$	$F=(A+B)\,\text{PLUS}\,1$
0 0 1 0	$F=\overline{A}\cdot B$	$F=A+\overline{B}$	$F=(A+\overline{B})\,\text{PLUS}\,1$
0 0 1 1	$F=0$	$F=1111$	$F=\text{ZERO}$
0 1 0 0	$F=\overline{A\cdot B}$	$F=A\,\text{PLUS}\,A\cdot\overline{B}$	$F=A\,\text{PLUS}\,A\cdot\overline{B}\,\text{PLUS}\,1$
0 1 0 1	$F=\overline{B}$	$F=(A+B)\,\text{PLUS}\,A\cdot\overline{B}$	$F=(A+B)\,\text{PLUS}\,A\cdot\overline{B}\,\text{PLUS}\,1$
0 1 1 0	$F=A\oplus B$	$F=A\,\text{MINUS}\,B\,\text{MINUS}\,1$	$F=A\,\text{MINUS}\,B$
0 1 1 1	$F=A\cdot\overline{B}$	$F=A\cdot\overline{B}\,\text{MINUS}\,1$	$F=A\cdot\overline{B}$
1 0 0 0	$F=\overline{A}+B$	$F=A\,\text{PLUS}\,A\cdot B$	$F=A\,\text{PLUS}\,A\cdot B\,\text{PLUS}\,1$
1 0 0 1	$F=\overline{A\oplus B}$	$F=A\,\text{PLUS}\,B$	$F=A\,\text{PLUS}\,B\,\text{PLUS}\,1$
1 0 1 0	$F=B$	$F=(A+\overline{B})\,\text{PLUS}\,A\cdot B$	$F=(A+\overline{B})\,\text{PLUS}\,A\cdot B\,\text{PLUS}\,1$
1 0 1 1	$F=A\cdot B$	$F=A\cdot B\,\text{MINUS}\,1$	$F=A\cdot B$
1 1 0 0	$F=1$	$F=A\,\text{PLUS}\,A$	$F=A\,\text{PLUS}\,A\,\text{PLUS}\,1$
1 1 0 1	$F=A+\overline{B}$	$F=(A+B)\,\text{PLUS}\,A$	$F=(A+B)\,\text{PLUS}\,A\,\text{PLUS}\,1$
1 1 1 0	$F=A+B$	$F=(A+\overline{B})\,\text{PLUS}\,A$	$F=(A+\overline{B})\,\text{PLUS}\,A\,\text{PLUS}\,1$
1 1 1 1	$F=A$	$F=A\,\text{MINUS}\,1$	$F=A$

(b) 動　作

図 1.10　74181 形 ALU（4 ビット）

1.3 計算のサイクル

　ALU は，与えられた入力データに対して求める答えを出力する回路であるが，これ

だけで計算を進めることはできない．コンピュータにおける計算の実行は，一度結果を蓄え，これを入力として新しい計算を行う，ということの繰り返しである．本節では，繰り返して計算を行うための回路について学ぶ．

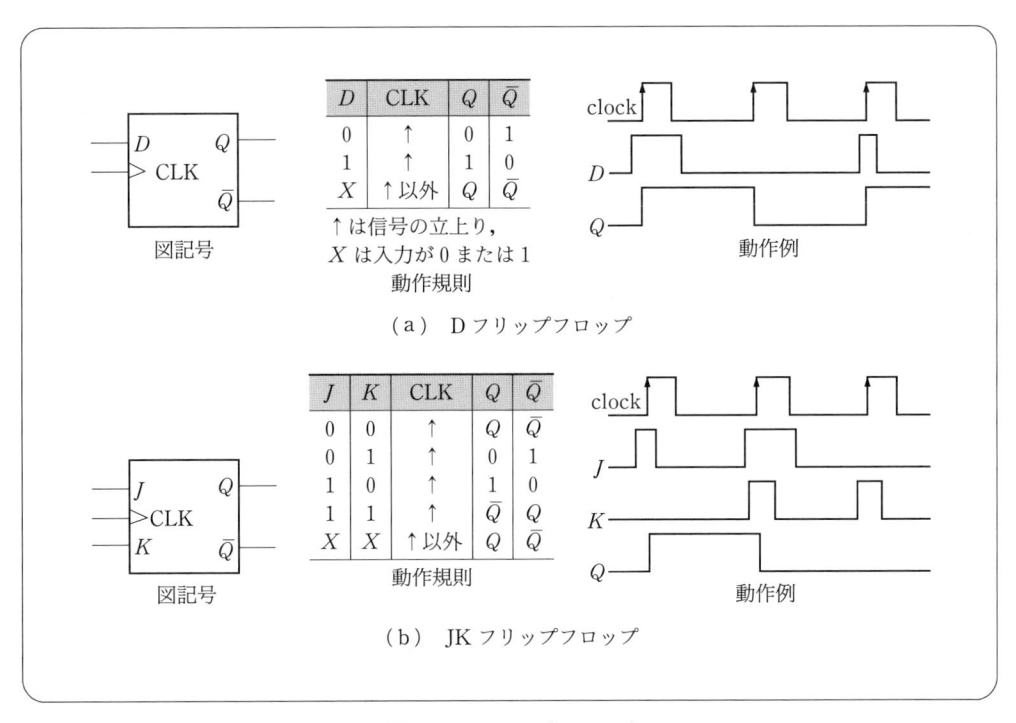

1.3.1 フリップフロップ

組合せ論理回路の基本となるのは AND，OR，NOT といった素子であった．データを蓄える**記憶装置**（memory，メモリ）の基本となるのが**フリップフロップ**（flip-flop）である．フリップフロップの内部構成，種類，動作原理についての記述は論理回路の教科書にゆずり，ここでは典型的なフリップフロップである D フリップフロップと JK フリップフロップの表記法と動作を述べる（図 1.11）．ここでは両方ともエッジトリガ形としている．

D	CLK	Q	$\bar{Q}$
0	↑	0	1
1	↑	1	0
X	↑以外	Q	$\bar{Q}$

↑は信号の立上り，
X は入力が 0 または 1
動作規則

(a) D フリップフロップ

J	K	CLK	Q	$\bar{Q}$
0	0	↑	Q	$\bar{Q}$
0	1	↑	0	1
1	0	↑	1	0
1	1	↑	$\bar{Q}$	Q
X	X	↑以外	Q	$\bar{Q}$

動作規則

(b) JK フリップフロップ

図 1.11 フリップフロップ

フリップフロップは，入力に応じて記憶している値を変更する回路である．図に示したフリップフロップは，**クロック**（clock）と呼ばれる周期性をもった制御信号の入力時（クロックが 0 から 1 に立ち上がったとき）だけに動作するようになっており，他のときはそれまでの値を保持する．すなわち，1 ビットの記憶装置として動作する．

エッジトリガ形 D フリップフロップは，クロックの立上りのときの入力の値をとりこみ，

これを出力する．JK フリップフロップは二つの入力 J, K があって，動作はやや複雑である．クロックの立上り時に

① $J=0$, $K=0$ なら直前の値を保持する，
② $J=0$, $K=1$ なら $Q=0$, $\bar{Q}=1$ にする，
③ $J=1$, $K=0$ なら $Q=1$, $\bar{Q}=0$ にする，
④ $J=1$, $K=1$ なら値を反転させる，

のように動作する．

1.3.2 レジスタ

レジスタ（register，**置数器**）とは，フリップフロップを並列に並べた記憶装置である．n ビット並列のとき，**n ビットレジスタ**という．典型的なレジスタは，エッジトリガ形 D フリップフロップで構成される．図 1.12 に 4 ビットレジスタを示す．

レジスタは，図 (a) のように入力を素通しするものもあるが，現実には，外部の制御信号によって書込みの許可を行ったり，初期化のときなどにクロックと関係なく（非同期で）ク

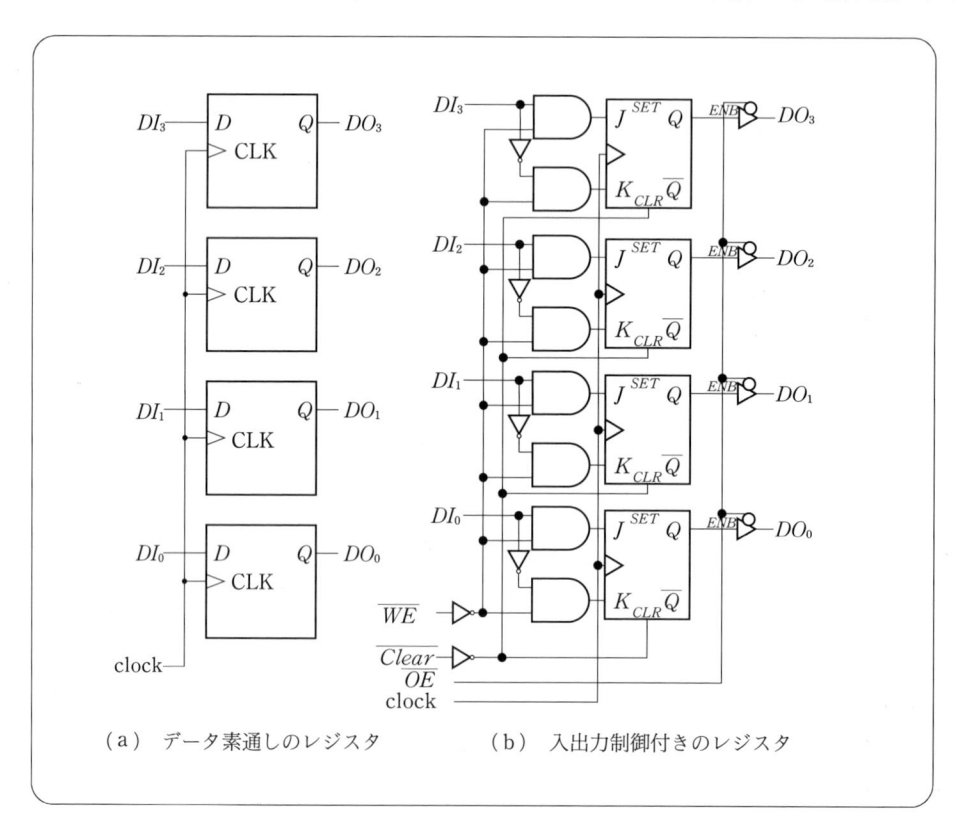

(a) データ素通しのレジスタ　　(b) 入出力制御付きのレジスタ

図 1.12　4 ビットレジスタ

リアしたりする．また，出力側にバスがある場合などは，出力を高インピーダンス状態にする付加回路が必要となる．図(b)はこれらを加えた回路である．図で，$\overline{CLR}$ が 0 のときにレジスタがクリアされる．$\overline{WE}$（write enable）が 0 のときにレジスタに書込みが行われ，1 のときにレジスタの値が保持される．また，$\overline{OE}$（output enable）が 0 のときに，データが外部に出力され，1 のときに出力は高インピーダンス状態になる．

1.3.3 レジスタと ALU の結合

コンピュータの計算の基本は，レジスタに蓄えられたデータを取り出し，これを入力として ALU で演算を行い，結果を再びレジスタに格納する，というサイクルである．このサイクルを繰り返すことで計算が行われる．

図 1.13 に演算のサイクルを実現する最も簡単な回路を示す．これは，レジスタと ALU を選択回路を介して結合したものである．ALU は 1.2.5 項で示した 74181 形のもの，レジスタは図 1.12(b) で示したものと考えてよい．

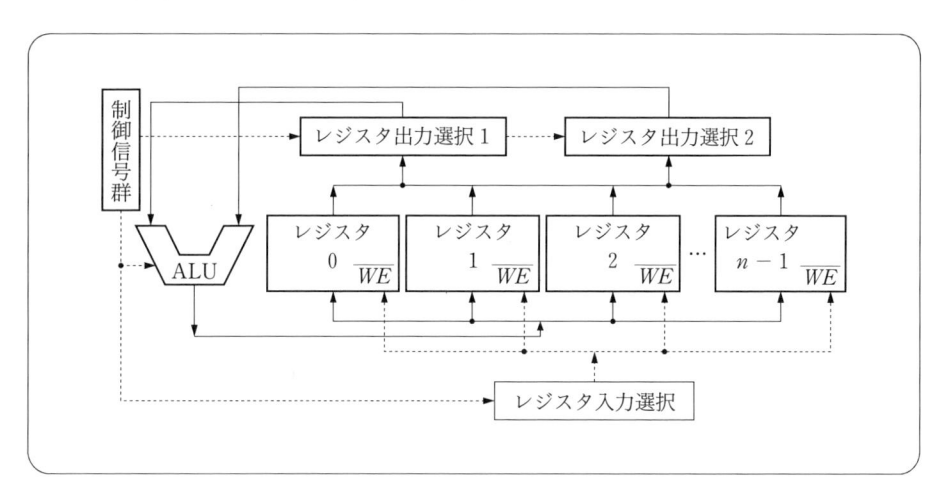

図 1.13 コンピュータの演算のサイクル

図 1.13 では，n 個のレジスタがデータの保存のために使われている．いま行う演算が何であり，どのレジスタのデータが演算対象として使われ，どのレジスタに結果が格納されるかは，図の「制御信号群」によって決められる．制御信号をどのように作るかについては，次章以下で詳しく述べることにする．

本章のまとめ

❶ **2進法によるディジタルな表現**　　n本の線でn桁の2進数を表現する．

❷ **2の補数表示**　　$2^n - x$で$-x$を表現する．

❸ **実数の表現**　　固定小数点と浮動小数点方式がある．

❹ **組合せ論理回路による演算回路**　　加算器，減算器，ALU

❺ **フリップフロップ**　　1ビットの記憶回路で，D，JKフリップフロップなどがある．

❻ **レジスタ**　　フリップフロップを並列にnビット並べたもの

❼ **演算のサイクル**　　レジスタ⇒ALU⇒レジスタ　の繰返し

●理解度の確認●

問 1.1　図1.7の回路が1ビットの加算を行うことを，真理値表を書いて確かめてみよ．

問 1.2　図1.9(b)の回路が加減算器になっていることを簡潔に説明せよ．

問 1.3　エッジトリガ形Dフリップフロップは，図1.14のような内部構成をしている．これが図1.11(a)の動作をすることを確認せよ．

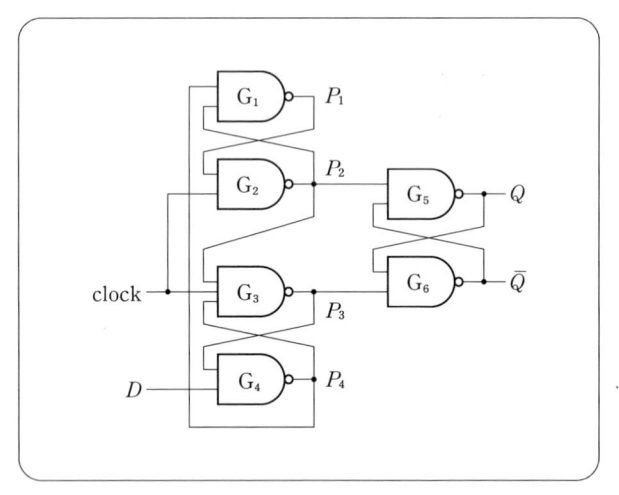

図1.14　エッジトリガ形Dフリップフロップの内部構成

問 1.4　図1.13の各レジスタでは，図1.12(b)の信号線のうちで，$\overline{OE}$が使われていない．$\overline{OE}$にレジスタ出力選択の制御信号を入れる方法も考えられるが，それだけでは不足である．その理由について述べよ．

2 データの流れと制御の流れ

　本章では，コンピュータの中のデータの流れと制御の流れの基本について学ぶ．最初にデータの流れのもととなる主記憶装置の機能と構造を知り，主記憶・レジスタ・ALUの3者の間のデータの流れを理解する．次に，これらデータの流れやALUの演算を決める制御信号群について学ぶ．制御信号群を生成するのは命令である．命令は，ソフトウェアとハードウェアのインタフェースとなる極めて重要なものであり，これを決めることがコンピュータアーキテクチャを考える上で最も大きなこととなる．ここでは命令とはなにかを述べたあと，更に命令列を生成するシーケンサの基本を学ぶ．シーケンサこそが，コンピュータ全体を統率する指揮者であると思ってよい．

2.1 主記憶装置

コンピュータの基本は ALU とレジスタの間のデータの流れにある．データが正しく流れ，整形されることによって計算が進む．しかし，レジスタは無限の数用意されているわけではない．レジスタの背後には，主記憶装置という大きなメモリがあって，レジスタに入りきらないデータを保持している．

2.1.1 レジスタと ALU だけでは計算はできない

1 章でコンピュータの演算のサイクルについて学んだ．レジスタからデータを取り出し，これを ALU に入力し，ALU に適切な動作をさせ，結果をレジスタに格納する．これを繰り返して計算が進む．

図 1.13 を観察すると，これまで学んだことに対して次のような疑問が浮かぶだろう．

① コンピュータでは大量のデータを扱わなくてはならないが，レジスタ群だけでこれが可能だろうか．
② 制御信号はどうやって作られるのだろうか．
③ コンピュータは加算や減算を実行するだけではなく，「条件 P が満足されれば A を実行し，満足されなければ B を実行する」（条件分岐），「C を 100 回繰り返す」（繰り返し実行）といった操作も行っているはずである．これはどうやって実現するのか．

本章では，この三つの質問に答える．最初に本節で疑問①について答える．

2.1.2 主記憶装置

フリップフロップは最も基本的な 1 ビットのメモリであり，これを並べたレジスタは 1 語のメモリである．ところで，通常のコンピュータで必要とされるメモリの量は，応用にもよるが 1 億語などというものであり，これは ALU と直接結合するレジスタとして実現するには大きすぎる．

われわれのコンピュータでは，レジスタの外側に**主記憶装置**（main memory）と呼ばれる容量の大きな記憶装置が設けられている．現在，これは半導体素子で作られている．

図 2.1 に主記憶装置を含む演算実行機構を示す．

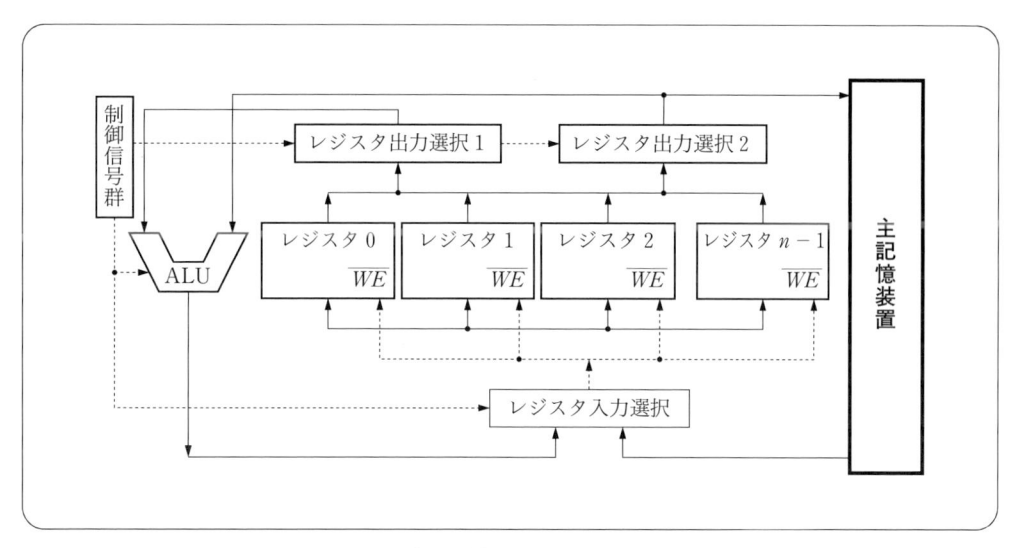

図 2.1　主記憶装置を含む演算実行機構

主記憶装置を含む演算のサイクルを考えてみよう．通常，最初の状態では，データは，主記憶装置に蓄えられている．

① 　主記憶装置からレジスタにデータを移動させる（**読出し**，read）．
② 　レジスタ ⇒ ALU ⇒ レジスタ（**計算**，calculation）
③ 　レジスタから主記憶装置にデータを移動させる（**書込み**，write）．

このようなサイクルを繰り返すことで，大量のデータを処理することができる．

2.1.3　メモリの構成

主記憶装置は容量が大きなメモリである．これもレジスタと同じく，D フリップフロップを並べて作ることができるが，メモリとは，一般にアドレス（address，番地）を使ってアクセスする記憶装置のことをさす．2.1.2 項から分かるとおり，メモリの基本機能は，次の二つである．

① 　**読出し**　　与えられたアドレスに記憶されているデータを読み出す．
② 　**書込み**　　与えられたアドレスに与えられたデータを書き込む．

図 2.2 にメモリの一般的な構成を示す．

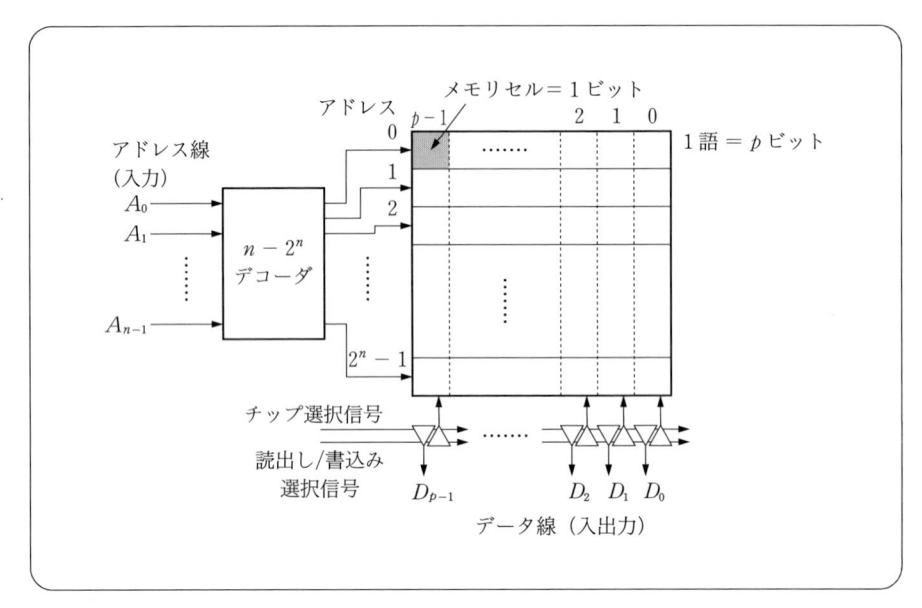

図2.2 メモリの構成

メモリは，アドレス線 A_{n-1}，…，A_1，A_0 と制御線（図2.2ではチップ選択信号と読出し/書込み選択信号）を入力線（単方向）とし，またデータ線 D_{p-1}，…，D_1，D_0 を入出力線（双方向）とする．アドレス信号は，まずデコーダ（decoder）によって解釈（復号）され，対象とするメモリの語（word，ワード）を指定する信号となる．いま，1語が p ビットからなるとすると，この信号によって特定された語が操作の対象である．

デコーダとは，n ビットの信号を 2^n 本の線上に展開するもので，元の信号が i を表すときは，i 番目の出力線だけが1になるような回路である．図2.3に3入力の信号を8本の線に展開するデコーダを示す．1メガ語（1 mega word，1 MW）のメモリには，20入力 1 048 576 出力のデコーダが使われることになる[†]．

メモリの本体は，セルと呼ばれる1ビットの記憶素子を二次元に並べたものであり，ここにデータが蓄えられる．

いま，読出し/書込み選択信号が読出しを指示したとき，アドレスによって指定された1語のデータ（p ビット）が，データ線上に出力される．また書込みを指示したとき，アドレスによって指定された1語のデータが，データ線から対象とする p 個のメモリセルに書き込まれる．

[†] 実際には，メモリは二次元的に構成されており，10入力 1 024 出力のデコーダが二つあると考えたほうが正確である．

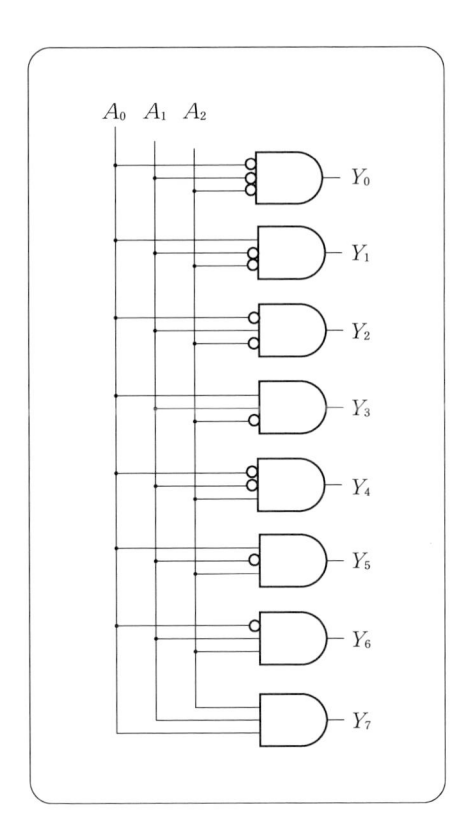

図 2.3　3 入力 8 出力デコーダ

2.1.4　メモリの分類

図 2.4 にメモリの分類を示す．

メモリは，読出しだけができる **ROM**（read only memory）と，読み書きの両方ができる **RAM**（random access memory）に大別される．

ROM はその名のとおり，読出しはできるが書込みはできないメモリである．書き込みができない，といっても，それはプロセッサの通常の書込み命令によっては書き込めない，という意味であって，あらかじめ別の手段で書き込んでおくことによって，必要なデータを随時利用することができる．

ROM の分類は，書込み・消去のやりかたの差によっている．

マスク ROM は，LSI のマスクに，どのセルがオンになっているかをパターンとして書き込んでおくもので，工場から出荷されたときにはメモリの内容が確定しており，以後の書込み・消去ができない．

それに対して **PROM**（programmable ROM）は，ユーザによる書込みが可能である．PROM は，更にヒューズ ROM と EPROM に分類される．**ヒューズ ROM** は，内部の結線

```
メモリ ─┬─ ROM (read-only memory)  基本動作は読出しのみ
        │    ┌──────────────────────────────────────┐
        │    │ マスク ROM                            │
        │    │  メモリ LSI 設計時に内容が決まる．ユーザ │
        │    │  による消去・書込みは不可能            │
        │    └──────────────────────────────────────┘
        │  ├─ PROM (programmable ROM)  ユーザによる消去・書込みが可能
        │  │    ┌──────────────────────────────────────┐
        │  │    │ ヒューズ ROM                          │
        │  │    │  ユーザが一度だけ書き込める．以後の消去・│
        │  │    │  書込みは不可能                       │
        │  │    └──────────────────────────────────────┘
        │  └─ EPROM (erasable PROM)  ユーザによる消去・書込みが何度でも可能
        │       ┌──────────────────────────────────────┐
        │       │ UVEPROM (ultraviolet EPROM)           │
        │       │  紫外線を用いて消去・書込みを行う      │
        │       ├──────────────────────────────────────┤
        │       │ EEPROM (electric EPROM)               │
        │       │  電気的に消去・書込みを行う            │
        │       ├──────────────────────────────────────┤
        │       │ フラッシュメモリ (flash memory)        │
        │       │  電気的に消去・書込みを行う．ブロック   │
        │       │  単位の消去・高速書込みが可能          │
        │       └──────────────────────────────────────┘
        └─ RAM (random access memory)  基本動作は読出しと書込み
             ┌──────────────────────────────────────┐
             │ SRAM (static RAM)                     │
             │  セルはフリップフロップ．リフレッシュが不要│
             └──────────────────────────────────────┘
           └─ DRAM (dynamic RAM)  セルはコンデンサ．リフレッシュが必要
                ┌──────────────────────────────────────┐
                │ 高速ページモード DRAM                 │
                │ スタティックコラムモード DRAM         │
                │ ニブルモード DRAM                     │
                │   連続する列アクセスを高速化           │
                ├──────────────────────────────────────┤
                │ SDRAM (synchronous DRAM)              │
                │  クロック同期とアクセスのオーバラップに │
                │  よる高速化                           │
                ├──────────────────────────────────────┤
                │ RDRAM (rambus DRAM)                   │
                │  データ幅の縮小と直列接続による高速化  │
                └──────────────────────────────────────┘
```

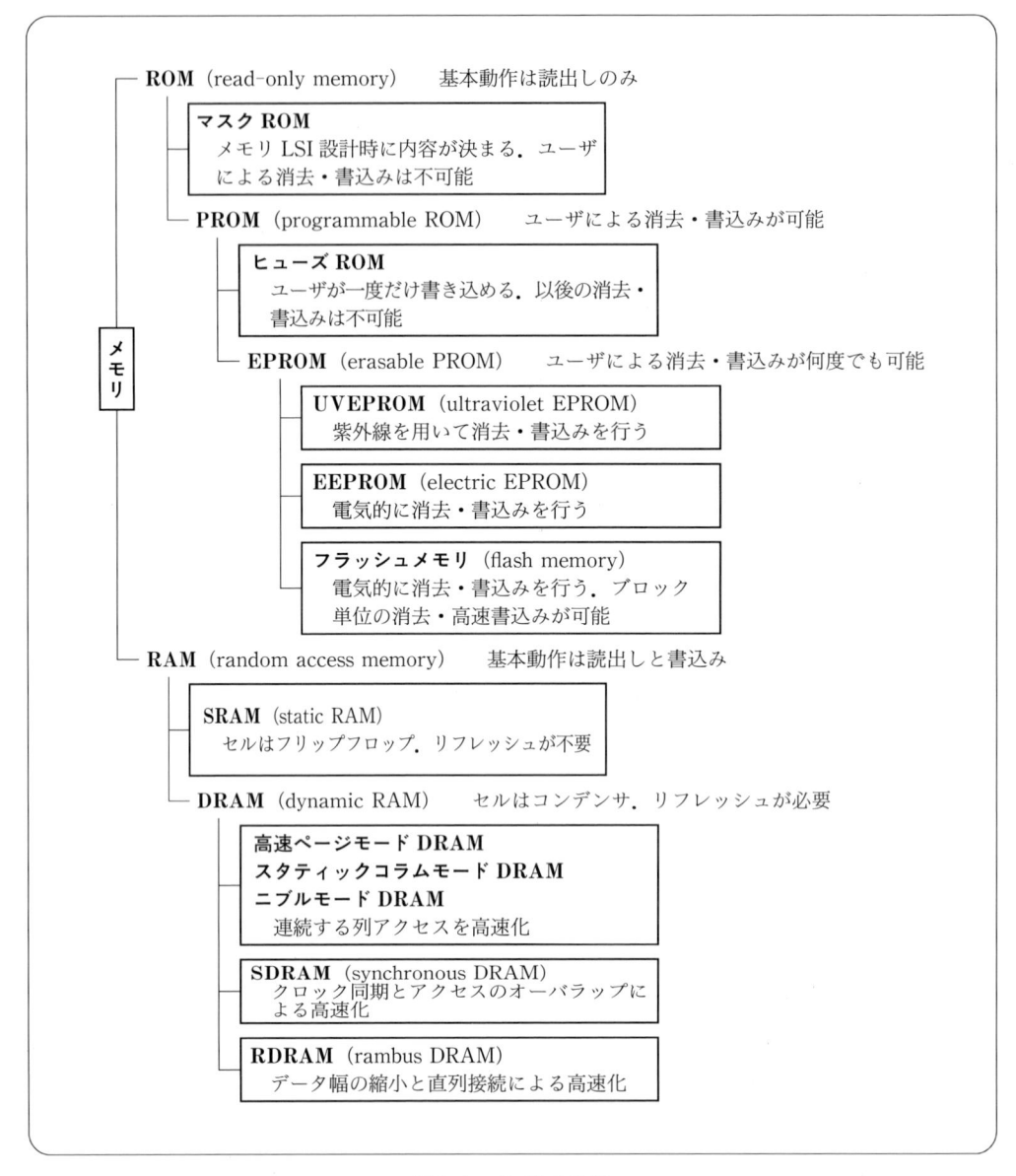

図2.4 メモリの分類

を焼き切ることで記憶内容を確定するもので，一度書き込むと，二度と書込み・消去ができない．これに対して EPROM (erasable PROM) は何度も消去が可能であり，続いて高電圧をかけることで書込みが可能である．EPROM は，更に UVEPROM, EEPROM, フラッシュメモリに分類される．

　RAM は，セルがフリップフロップによってできている SRAM (static RAM) と，セルが電荷の蓄積によって実現される DRAM (dynamic RAM) に分類される．

SRAM は DRAM と違って，リフレッシュなどをしなくても，電源を供給しているだけでデータが保持される．SRAM は記憶回路の設計が楽であり，動作も DRAM に比べて速いが，一方で DRAM より実装規模が大きい（典型的には 4 倍）という欠点がある．SRAM は，高速動作が必要な小容量の記憶媒体として使われる．

DRAM はデータの保持のためにプリチャージとリフレッシュが必要であり，アクセスも複雑である．しかし，DRAM は容量が SRAM の 4 倍以上と大きく，高速化のための工夫も進んでいるため，コンピュータの主記憶などとして広く使われている．図 2.1 の「主記憶装置」も DRAM である場合がほとんどである．

図 2.4 には 5 種類の DRAM について示している．このうち，SDRAM（synchronous DRAM）と RDRAM（rambus DRAM）が現在の主流となっている．

2.1.5　レジスタファイル

図 2.1 の n 個のレジスタ群の中から i 番目のレジスタを指定するには，どういう機構が必要だろうか．実は，レジスタも通常のメモリと同様，アドレスをもっていて，これを使ってアクセスされる．このようにアドレス付けされたレジスタ群のことを，**レジスタファイル**（register file）と呼ぶ．現在のコンピュータでは，レジスタファイルの大きさは，32 語程度である．

主記憶装置に使われるメモリとレジスタファイルが異なるのは，次の 2 点である．

① 主記憶のメモリはふつう DRAM が使われるが，レジスタファイルは高速の SRAM

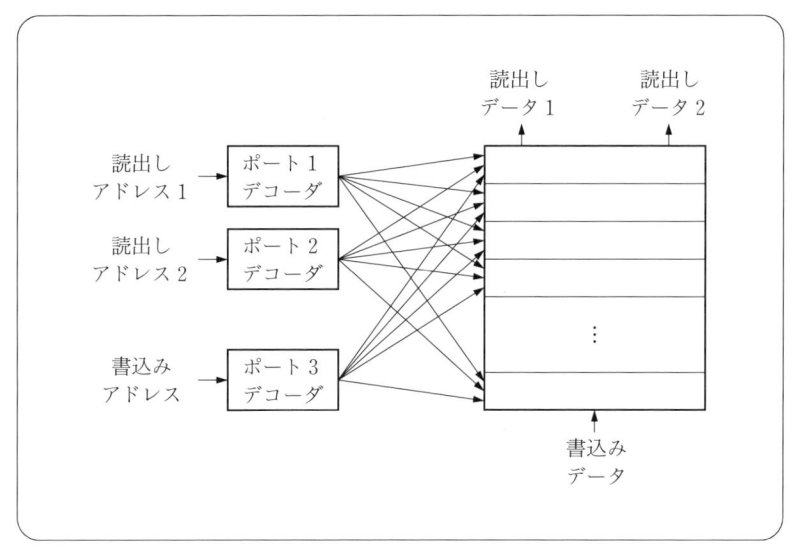

図 2.5　レジスタファイルの構成

が使われる．

② 主記憶のメモリは，1回に1語しかアクセスできないが，レジスタファイルは最低でも2語の読出しと1語の書込み（全体で三つの並列アクセス）が同時にできる．メモリのアクセスの口を**ポート**（port）と呼ぶが，レジスタファイルは読出し2ポートと書込み1ポートの3ポートをもつ．

したがって，最も簡単なレジスタファイルの構成は図2.5のようになる．

2.1.6　主記憶装置の接続

既に主記憶装置とレジスタファイルの構成について学んだが，これを組み合わせれば図2.1より正確な実行機構を描くことができる．これが図2.6である．

この図では，図2.1のレジスタ群がレジスタファイルとなり，主記憶にアドレスとメモリ制御の2種類の入力が追加されている．

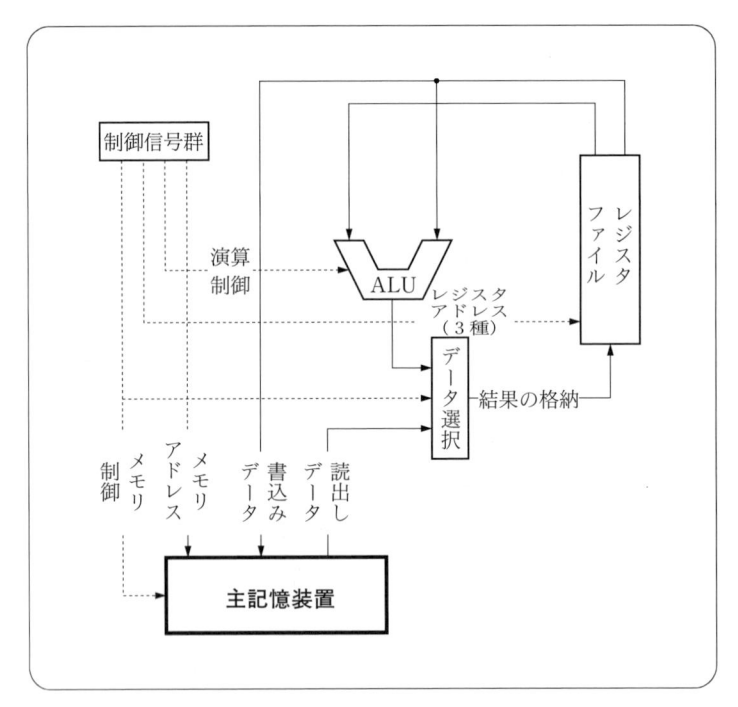

図2.6　コンピュータの実行機構

2.2 命令とはなにか

2.1.1項の三つの疑問のうち，2番目は「制御信号はどうやって作られるのだろうか」であった．制御信号は命令によって作られる．命令も2進数のデータであり，これを解釈して制御信号に直すことで計算が実行される．命令は，算術論理演算命令，メモリ操作命令，分岐命令の3種類に大別される．

2.2.1 命令

制御信号を生成して，コンピュータの動作を決めるものが，**命令**（instruction）である．コンピュータの発明の最も偉大な点は，命令を一つのデータ（**命令語**，instruction word）として表現できることである．命令こそがハードウェアとソフトウェアのインタフェースとなるものである．命令語の長さは普通32ビット程度である．

機械語の**プログラム**（program）とは命令の集まったものであり，書かれている順番に命令を実行することで処理が進められる．具体的には，プログラムはメモリに格納されており，あるプログラムの命令がメモリから順番に読み出され，解釈実行されることで，処理が進行するわけである．

図2.7に典型的な命令の例を示す．

(a) 算術論理演算命令	ALU制御 (+, −, AND, OR, …)	入力レジスタ1	入力レジスタ2	出力レジスタ

出力レジスタ ← 入力レジスタ1 ＋ 入力レジスタ2

(b) メモリ操作命令	メモリ操作 (読出し, …)	レジスタ	アドレス

レジスタ ← メモリの「アドレス」番地の内容

(c) 分岐命令	分岐操作 (ジャンプ, …)	アドレス

次の命令番地 ←「アドレス」

図2.7 命令の種類と形式

命令は，複数のフィールド（field）からできている．最初のフィールドには，ふつう操作コード（operation code）が入っており，ここで操作が指定される．他のフィールドは操作によって異なり，レジスタの番地，メモリの番地，実行にあたっての細かいルールを符号化したものなどが入る．

図(a)の命令は，算術論理演算命令であり，ALU を操作して加算や AND をとる処理を指示する．図(b)の命令は，メモリとレジスタファイルの間のデータのやりとりを指示するメモリ操作命令である．図(c)の命令は，次に実行する命令の番地を指定する命令である．これらの命令については，3章で詳しく扱う．

2.2.2 命令実行の仕組み

図 2.6 に命令実行の仕組みを入れた基本形を**図 2.8** に示す．ここでは主記憶は，プログラムを記憶する命令メモリ（instruction memory）と，操作対象のデータを記憶するデータメモリ（data memory）に分けて書かれている．

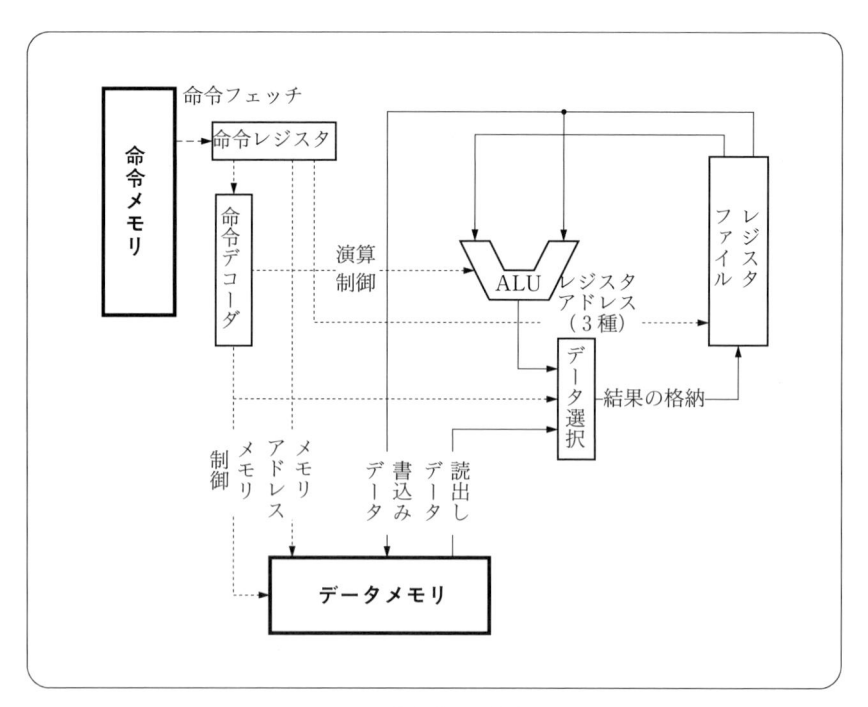

図 2.8 命令実行の基本形

プログラムの実行は，命令メモリから一つの命令を読み出すことから始まる．この命令読出しの操作を**命令フェッチ**（instruction fetch）と呼ぶ．フェッチされた命令は，命令レジスタ（instruction register）と呼ばれるレジスタに入れられる．

次に，命令レジスタに入った命令を**解釈（デコード，decode）**する．図 2.8 の命令デコーダ（instruction decoder）がこれを行う．命令デコーダは，メモリアドレスのデコーダと同じく，図 2.3 に示したものが基本形となるが，ALU の制御やメモリ操作に合わせて制御信号を生成する．デコードと同時に，演算に必要なデータがレジスタファイルから読み出される．

更に次には，命令が実行される．

最後に命令の実行結果の値が，レジスタファイルのレジスタに格納される．

2.2.3　算術論理演算命令の実行サイクル

本項と次項では，命令の実行サイクルを具体的に観察してみる．本項では，算術演算である加算の実行について見てみる（図 2.9）．

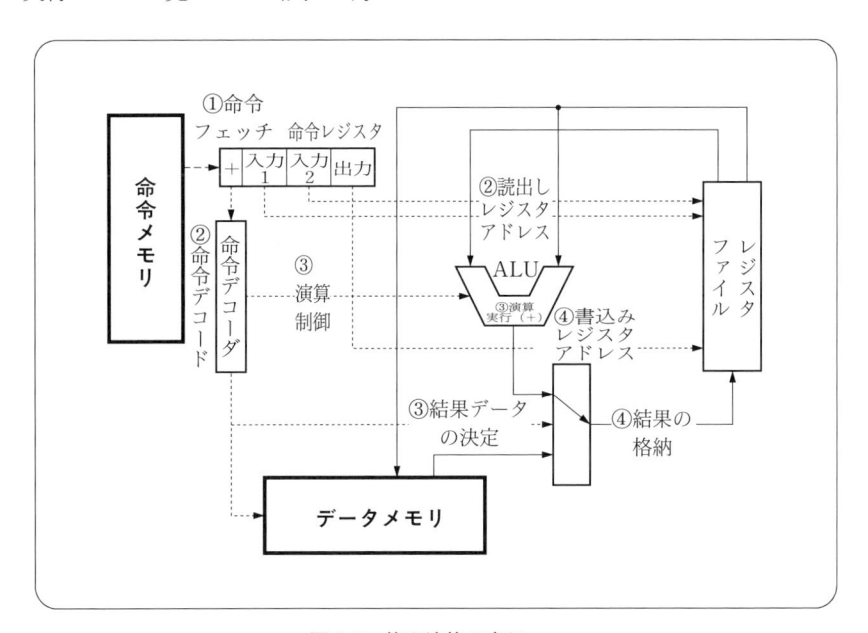

図 2.9　算術演算の実行

① **命令フェッチ**　　命令メモリから図 2.7(a)の形式の命令を読み込む．

② **命令デコード**　　命令デコーダで ALU の制御信号を生成する．同時に，レジスタファイルから ALU への入力となる二つのレジスタの値を読み出す．レジスタアドレスは，命令の 2 番目と 3 番目のフィールドに格納されている．

③ **演算実行**　　ALU がデコーダで指定された演算(+)を実行する．結果の選択信号を ALU からの出力を選択するようにセットする．

④ **結果の格納** レジスタファイルに実行結果が格納される．結果が入るレジスタアドレスは，命令の4番目のフィールドに格納されている．

2.2.4 メモリ操作命令の実行サイクル

メモリ操作命令は，メモリの読出しと書込みに大別される．ここではメモリからのデータ読出しを行う手順について見ていく（図2.10）．

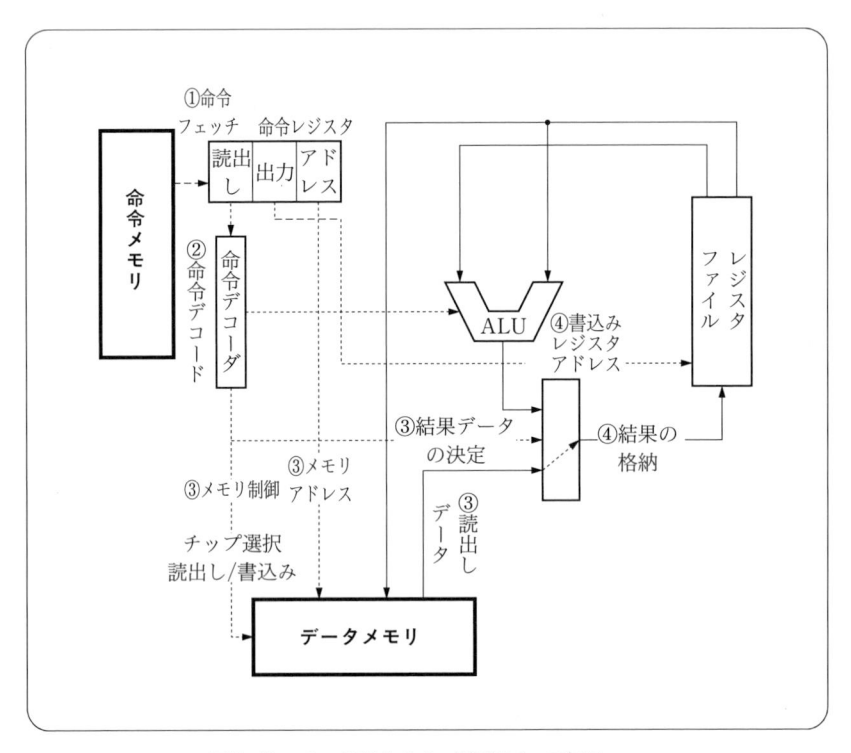

図2.10 メモリ操作命令（読出し）の実行

① **命令フェッチ** 命令メモリから図2.7(b)の形式の命令を読み込む．
② **命令デコード** 命令デコーダでメモリの制御信号であるチップ選択信号と読出し/書込み信号を生成する．メモリアドレスを生成する（ここでは命令メモリから取り出すだけ）．
③ **演算実行** メモリ制御信号とアドレスをもとに，データメモリから対象とする語を読み出す．結果の選択信号をメモリからの出力を選択するようにセットする．
④ **結果の格納** レジスタファイルに実行結果が格納される．結果が入るレジスタアドレスは，命令の2番目のフィールドに格納されている．

2.3 シーケンサ

2.1.1項の三つの疑問のうち，最後のものは「条件分岐や繰り返し実行はどうやって実現するのか」であった．これを実現するのがシーケンサである．本節では，シーケンサの原理と，条件分岐命令の実行例を示す．

2.3.1 シーケンサとはなにか

プログラムの実行は，どういう命令をどういう順番でフェッチするかで決まる．命令メモリに格納された命令を順番に実行するときも，条件分岐や繰り返し実行を行うときも，「次の命令をフェッチする機構はどうなっているのか」が問題である．次にどの命令を実行するのかを決める機構を**シーケンサ**（sequencer）と呼ぶ．シーケンサは，コンピュータ全体を統率する指揮者の役割を負っている．最も簡単なシーケンサを**図2.11**に示す．シーケンサは，プログラムカウンタ（program counter）と呼ばれるレジスタと付加回路からなる．

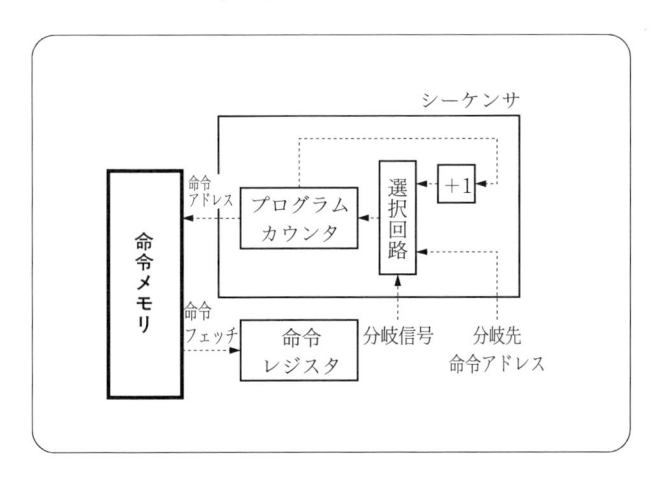

図2.11 簡単なシーケンサ

シーケンサは，命令アドレスの生成回路である．既に示したように，命令はデータ同様にメモリに格納されているのであるから，次に実行する命令の格納されているアドレス（instruction address）を確定してやれば，あとは前節までに示した機構でプログラムの実行は自動的に進む．これが**プログラム格納形コンピュータ**（stored program computer, von Neumann computer）の原理である．現在のほとんどすべてのコンピュータはこの原理の

もとに作られている.

どうやって次の命令アドレスを確定するのか,次の三つの場合を考える必要がある.

① 通常の算術論理演算命令やメモリ操作命令の次には,命令メモリの次の番地の命令を実行する.図中で「+1」と書いたところがこれにあたる.いまのプログラムカウンタの値の1語あとの番地を新たにプログラムカウンタに入れることになる.

② 無条件分岐命令(ジャンプ命令)を実行したときは,行先の番地を命令レジスタやレジスタファイルなどから生成して,これをプログラムカウンタに入れてやればよい.

③ 条件分岐命令(ブランチ命令)を実行したときは,条件判定の結果を「分岐信号」として取り込み,これに基づいて,分岐先の命令アドレスをプログラムカウンタに入れるか,それともプログラムカウンタの値を「+1」するかを決める.

このように,プログラムカウンタの値を生成・選択することがシーケンサの動作である.

シーケンサを含むコンピュータ中枢部の構成を**図2.12**に示す.この図は,図2.8にシー

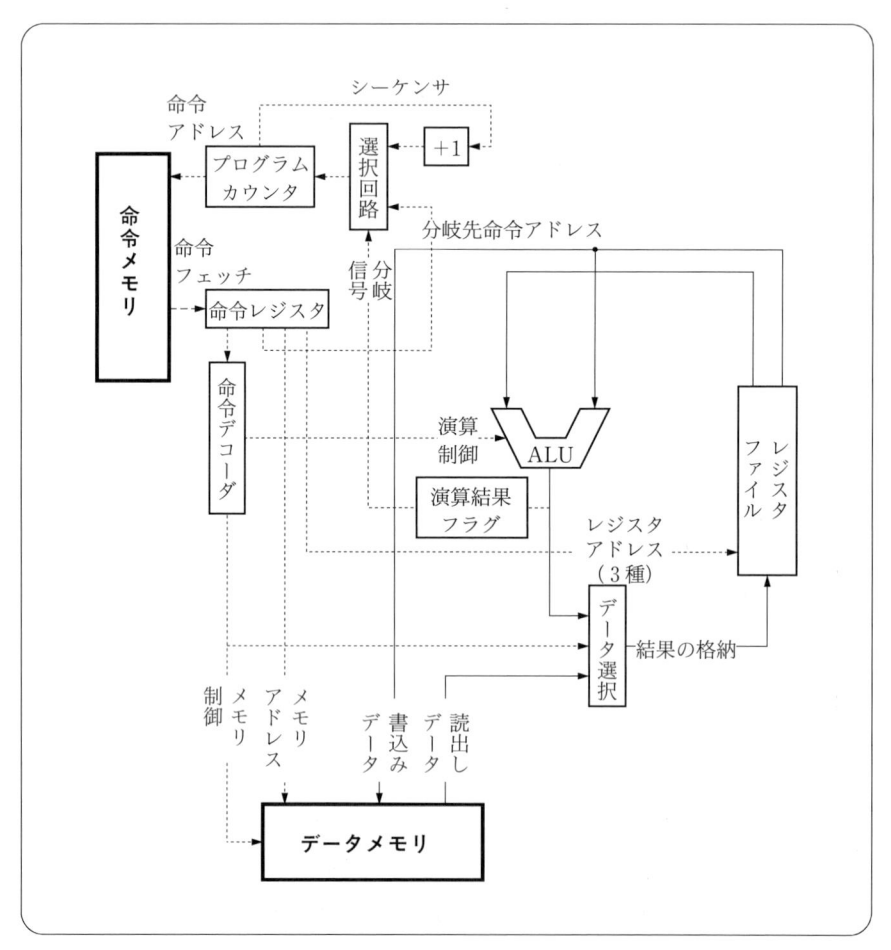

図2.12 コンピュータ中枢部の構成

ケンサを加えたものである．条件分岐のときの分岐信号は，ALU の出力から演算結果フラグ（例．結果が 0 であるかどうかの判定）をつくり，これをもとに生成する．

2.3.2 条件分岐命令の実行サイクル

条件分岐命令は，レジスタファイルやメモリに対しては何も作用を及ぼさず，条件に従ってプログラムカウンタをセットすることで，プログラムの実行順序を制御する．その実行例を図 2.13 に示す．

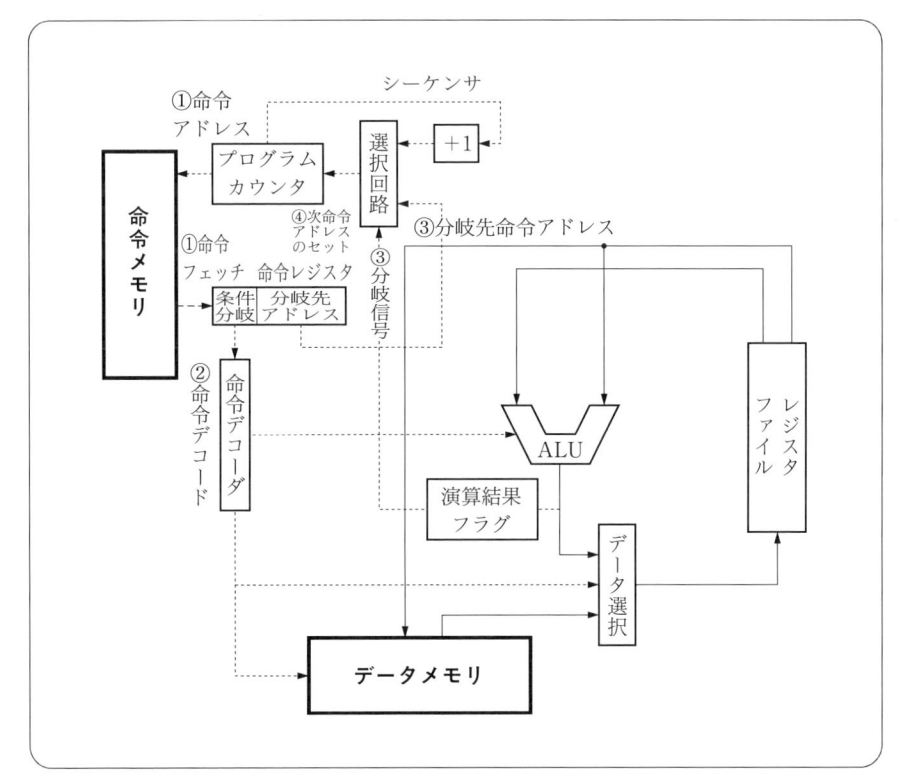

図 2.13 条件分岐命令の実行

① **命令フェッチ**　プログラムカウンタの値に従って，命令メモリから図 2.7（c）の形式の命令を読み込む．

② **命令デコード**　命令デコーダで条件分岐命令であることを判別する．

③ **演算実行**　直前の命令の結果から生成されたフラグの値を読み出し，シーケンサの選択信号を作る．これをもとに，命令のフィールドである分岐先アドレスと，「+1」のどちらかを選ぶ．

④ **新しいプログラムカウンタ値のセット**　選ばれた命令アドレスをプログラムカウン

タにセットする．

本章のまとめ

❶ **主記憶装置**　アドレスによって語の読書きを行う大容量のメモリである．

❷ **ROM**　読出し専用メモリで，マスク ROM，ヒューズ ROM と EPROM に分類される．
　フラッシュメモリは EPROM の一種である．

❸ **RAM**　読み書きのできるメモリである．低速大容量の DRAM と高速小容量の SRAM がある．

❸ **命令**　コンピュータを制御する源となるもので，2進数のデータとして表現され，命令メモリに格納されている．

❹ **命令の種類**　算術論理演算命令，メモリ操作命令，分岐命令に分類される．

❺ **命令実行サイクル**　フェッチ，デコード，実行，結果の格納の四つの動作から成る．

❻ **シーケンサ**　次の命令アドレスを決める機構で，プログラムカウンタと付加回路から成る．

●理解度の確認●

問 2.1　メモリのアクセス時間はデコーダの遅延時間で決まる．デコーダの遅延はメモリの容量の対数に比例して大きくなるから，メモリが大容量化するとアクセス時間も長くなるはずであるが，現実にはそうなっていない．それはなぜか．

問 2.2　加算の命令コードが 000，減算の命令コードが 001，AND の命令コードが 010，OR の命令コードが 011，NOT の命令コードが 100 のとき，命令コードから 74181 形 ALU（図 1.10）の制御信号である S_3, S_2, S_1, S_0, M, $\bar{C}_{in}$ を生成する組合せ論理回路を描け．

問 2.3　図を書いてメモリ書込み操作の手順を示せ（2.2.4 項参照）．

問 2.4　命令の実行の順番と命令メモリへの格納の順番はできるだけそろえるのが機械語プログラムの普通の格納方式である．命令をランダムにメモリの中に格納した場合，どういう不都合が起こるか，考察せよ．

3 命令セットアーキテクチャ

　命令セットとは，コンピュータのすべての命令の集まりを指す．命令セットアーキテクチャとは，コンピュータで使われる命令の表現形式と各命令の動作を定めたものである．命令セットアーキテクチャは，コンピュータに何ができるかをユーザに示し，どのようなハードウェア機能が必要かを設計者に教える．

3.1 命令の表現形式とアセンブリ言語

命令の表現形式とは，各命令を2進数でどう表すかを定めたものである．ここで扱うコンピュータの命令形式には3種類ある．本節では，最初に命令の一般形について述べ，次に表現形式を示す．最後にアセンブリ言語を導入する．

3.1.1 操作とオペランド

一つの命令は，操作（operation）と操作の対象（オペランド，operand）との組である．これらはともに2進数として符号化され，命令語（instruction word）に納められる．

オペランドは更に，ソースオペランド（source operand）とデスティネーションオペランド（destination operand）に分かれる．そこで，命令の一般形は **3.A** のようになるだろう．

3.A 命令の一般形
d ← op s1　　　ソースオペランドが一つの場合
d ← s1 op s2　　ソースオペランドが二つの場合
d：デスティネーションオペランド，s1及びs2：ソースオペランド

オペランドは，データレジスタ，メモリ語，プログラムカウンタ，その他のレジスタである．これら以外にも，定数を対象とした操作を行う場合，命令語の中に定数を入れる領域を設けることがある．これを**即値**（immediate）と呼ぶ．この即値もオペランドの一種である．

3.1.2 命令の表現形式

一般に，命令語はいくつかの領域（field, フィールド）に分けられている．この領域の分け方と意味づけによって，命令の表現形式（命令形式，instruction format）が分類される．

命令には，操作を指定する2進数とオペランドを表す2進数が入る．前者を**操作コード**（operation code），後者を単に**オペランド**と呼ぶ．

命令形式を考えることは，命令語の大きさとその中身を考えることである．ここでわれわ

れは，二つの重大な意志決定をすることになる．

第一に命令形式は，1語の固定長とする．ふつう命令語は32ビットである．

第二に命令形式は，R，I，A形の3種類のみとする（図3.1）．

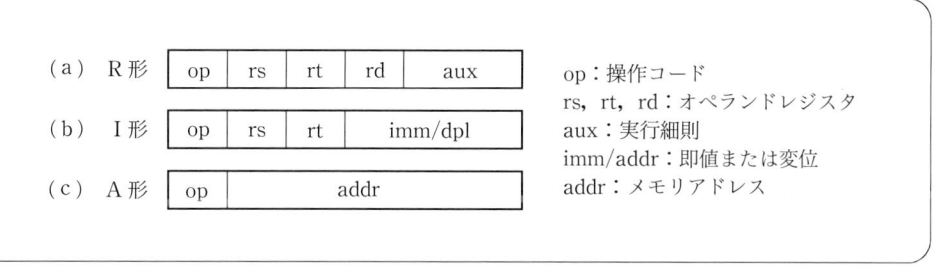

```
(a)  R形   | op | rs | rt | rd | aux |      op：操作コード
(b)  I形   | op | rs | rt |  imm/dpl |     rs, rt, rd：オペランドレジスタ
(c)  A形   | op |     addr      |          aux：実行細則
                                            imm/addr：即値または変位
                                            addr：メモリアドレス
```

図 3.1　命 令 形 式

これ以外にもさまざまな命令形式が考えられるが，コンピュータでは命令を極力単純化することでデコードにかかる時間を減らし，高速化することが大切である．固定長でかつ3種類というのはこの目的にかなう．

3.1.3　命令フィールド

図3.1のopが操作コードである．操作コードのフィールドは，すべての命令形式に共通であり，操作コードの値によって命令形式はR，I，A形に分けられる．

op以下，rs，rt，rdがオペランドレジスタ，auxは命令の細則，imm/dplは即値または変位（3.2.3項参照），addrはメモリアドレスを示すフィールドである．

命令語が固定長であるだけでなく，各フィールドもすべて固定長である．これらは，おおよそ3.Bのルールで決まる．

3.B　命令フィールドの大きさ	
op	$\log_2$(対象とするコンピュータの命令セットの大きさ)
rs, rt, rd	$\log_2$(レジスタファイルに含まれるレジスタの数)
aux, imm/dpl, addr	（命令長）−（他のフィールドのビット数の総和）

例えば，命令語が32ビット，命令セットの大きさが64，レジスタ数が32という条件下では，図3.2のようなフィールド構成となる．

imm, dpl, addrは，この大きさでは不足する場合がある．その場合は，複数の命令（即値生成とシフトなど）を組み合わせてより大きな値を作る．

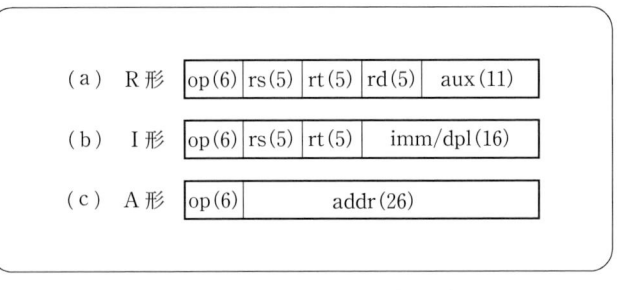

34　　3. 命令セットアーキテクチャ

```
(a)  R形   | op(6) | rs(5) | rt(5) | rd(5) |  aux(11)  |
(b)  I形   | op(6) | rs(5) | rt(5) |   imm/dpl(16)     |
(c)  A形   | op(6) |          addr(26)                 |
```

図 3.2　命令のフィールド構成（例）

	op	rs	rt	rd	aux
2進数表現（例）	000000	00010	00011	00001	00000000000
フィールドの意味	add	r2	r3	r1	0

命令動作　　　　　　　　　　r1 ← r2 ＋ r3

アセンブリ言語表現　　　　add r1, r2, r3

（a）R形のアセンブリ表現

	op	rs	rt	imm
2進数表現（例）	000001	00010	00011	0000000000001110
フィールドの意味	subi	r2	r1	14

命令動作　　　　　　　　　　r1 ← r2 − 14

アセンブリ言語表現　　　　subi r1, r2, 14

（b）I形のアセンブリ表現

	op	addr
2進数表現（例）	110110	00000100000000000000000101
フィールドの意味	j	1048581

命令動作　　　　　　　　　　PC ← 1048581

アセンブリ言語表現　　　　j　1048581

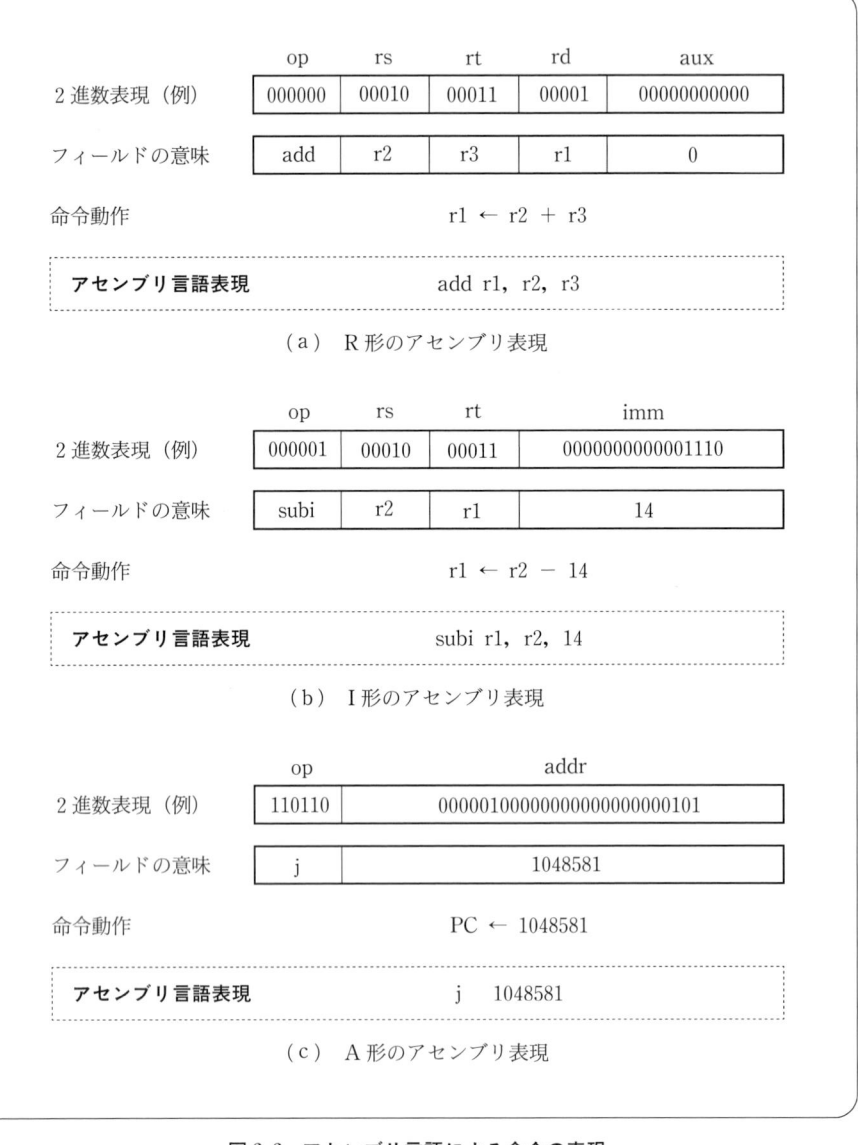

（c）A形のアセンブリ表現

図 3.3　アセンブリ言語による命令の表現

3.1.4 アセンブリ言語

機械語のプログラムは，命令を適切な順序で並べたものである．命令は2進数で表現されるから，プログラムは2進数の並んだものとなる．2進数の並びは，正確だが人間が理解するのが困難である．

そこで，英語に近い記号で機械語のプログラムを表現することが考案された．これを**アセンブリ言語**（assembly language）による表現という．アセンブリ言語による命令の表現の例を図3.3に示す．

アセンブリ言語は，CやFORTRAN，JAVAなどの高級言語と違って，機械語と1対1の対応がある．アセンブリ言語の1命令は機械語の1命令に対応している．

3.2 命令セット

コンピュータの命令は，算術論理演算命令，データ移動命令，分岐命令に大別される．これらの動作の概略は，2.2節および2.3節で述べた．ここでは，個々の命令について，その表現形式と動作を学んでいく．

3.2.1 算術論理演算命令

典型的な算術演算命令の一覧を**表3.1**に，論理演算命令の一覧を**表3.2**に示す．算術論理演算命令は，レジスタ間の演算か，レジスタと即値との間の演算のどちらかに限る．したが

表 3.1 算術演算命令

演算命令	整数演算命令		浮動小数点演算命令
	R形	I形	R形
加　算	add	addi	fadd
減　算	sub	subi	fsub
乗　算	mul	muli	fmul
除　算	div	divi	fdiv
剰　余	rem	remi	——
絶対値	abs	——	fabs
算術左シフト	sla	——	——
算術右シフト	sra	——	——

表 3.2 論理演算命令

演算命令	R形	I形
論理積	and	andi
論理和	or	ori
否　定	not	——
NOR	nor	nori
NAND	nand	nandi
排他的論理和	xor	xori
EQUIV	eq	eqi
論理左シフト	sll	——
論理右シフト	srl	——

って，命令形式は，R形かI形となる．

表3.1および表3.2の各項目で，addとかsubとか並んでいるものは，アセンブリ言語の操作コード（auxを一部含む場合がある）である．

その具体的な動作例を**図3.4**に示す．

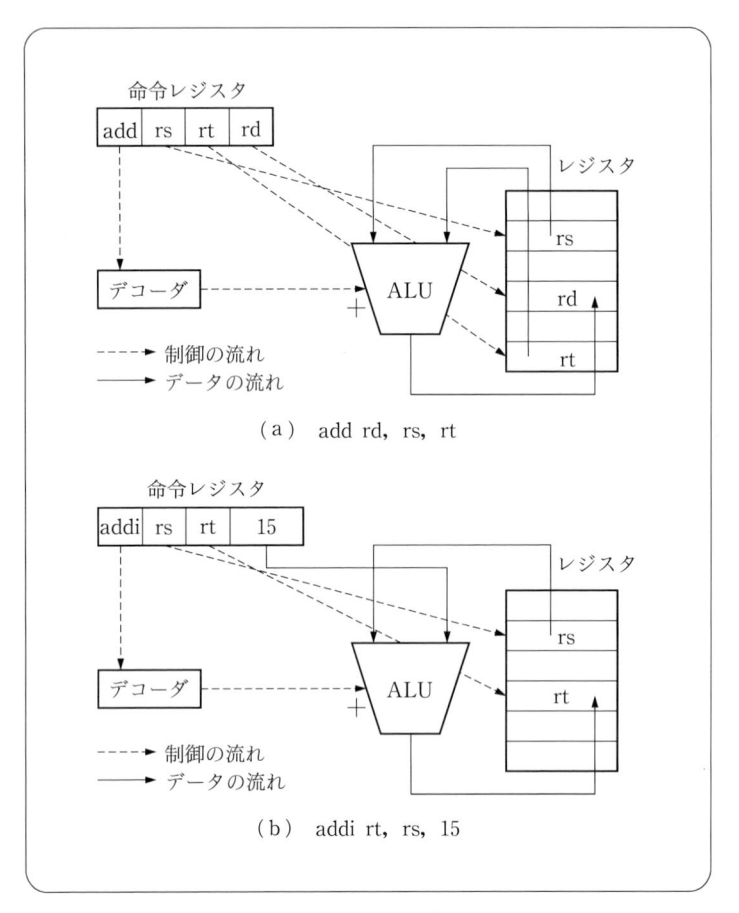

図3.4 算術論理演算命令の動作例

図(a)は，R形のadd命令の実行を表している．これは2.2.3項で述べたものを簡略化して書いたものである．

図(b)は，I形のaddi命令の実行を表している．addと基本的なところは同じであるが，ソースオペランドの選択がimmになるように設定されており，格納するレジスタ番地もrdではなく，rtで与えられる点が異なっている．

他の命令も，ALUへの制御命令を変えることで同様に実現できる．ただし，mul，div，シフト，浮動小数点演算については，ALUとは別に専用の乗算器，除算器，シフタ，浮動小数点演算器（floating point unit，FPU）を設けることがふつうになっている．

3.2 命令セット

シフト命令について補足しよう．シフトは，指定されたビット数だけデータ語を左または右にずらす命令である．

図3.5にシフト命令の例を示す．右シフトについては，シフトしてあいた上位ビットに0を入れるか，もとのデータの符号を入れるかによって，論理シフトと算術シフトに分かれる．左シフトについては，算術シフトと論理シフトのデータ操作上の差はない．

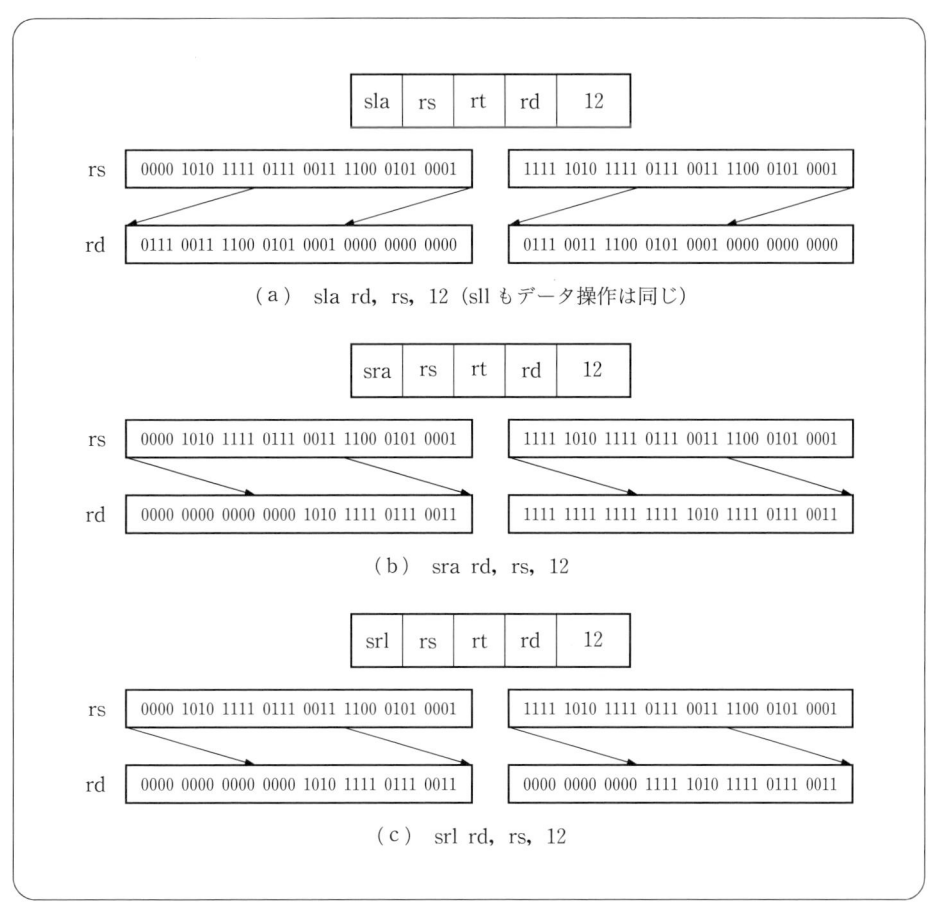

| | sla | rs | rt | rd | 12 |

rs 0000 1010 1111 0111 0011 1100 0101 0001　　1111 1010 1111 0111 0011 1100 0101 0001
rd 0111 0011 1100 0101 0001 0000 0000 0000　　0111 0011 1100 0101 0001 0000 0000 0000

（a） sla rd, rs, 12（sll もデータ操作は同じ）

| | sra | rs | rt | rd | 12 |

rs 0000 1010 1111 0111 0011 1100 0101 0001　　1111 1010 1111 0111 0011 1100 0101 0001
rd 0000 0000 0000 0000 1010 1111 0111 0011　　1111 1111 1111 1111 1010 1111 0111 0011

（b） sra rd, rs, 12

| | srl | rs | rt | rd | 12 |

rs 0000 1010 1111 0111 0011 1100 0101 0001　　1111 1010 1111 0111 0011 1100 0101 0001
rd 0000 0000 0000 0000 1010 1111 0111 0011　　0000 0000 0000 1111 1010 1111 0111 0011

（c） srl rd, rs, 12

図3.5　シフト命令

3.2.2 データ移動命令

データ移動命令は，レジスタ間のデータ移動，メモリとレジスタの間のデータ移動，メモリと入出力機器の間のデータ移動の3種類に大別される．

レジスタ間のデータ移動は，addi r1, r2, 0 (r2に0を加算してr1に入れる) といった算術演算命令で実現されるので，ことさらに新しい命令を追加する必要はない．ただし，特別なレジスタに対するデータ移動には特別な命令が必要となる．浮動小数点演算専用のレジスタを設ける場合などがこれにあたる．

メモリとレジスタの間のデータ移動は，ロード/ストア命令が行う．**ロード命令**（load instruction）はメモリからレジスタへデータを移動し，**ストア命令**（store instruction）はレジスタからメモリへデータを移動する．

メモリと入出力機器の間のデータ移動は，特殊な命令を設ける場合もあるが，入出力機器にメモリ番地を割り振って，ここにロード/ストア命令によって目的とする操作を行う方式をとることも多い．ここでは後者を想定する．

以上より，本書ではデータ移動命令として，メモリ-レジスタ間のデータ移動だけを考えればよいことになった．

表3.3に典型的なデータ移動命令の一覧を示す．表でlw，swなどは，アセンブリ言語で表現した操作コードである．

表3.3 データ移動命令

移動量	メモリ ⇒ レジスタ		レジスタ ⇒ メモリ	
64ビット	ld	load double word	sd	store double word
32ビット	lw	load word	sw	store word
16ビット	lh	load half word	sh	store half word
8ビット	lb	load byte	sb	store byte

次に，データ移動命令の動作をみてみよう．

図3.6はこの動作を示したものである．lwなどの命令は，I形に分類される．メモリアドレスは，レジスタrsの中身とdplを加算して作られ，lwはこのアドレスのメモリ語の内容をレジスタrtにコピーする（図(a)）．swの場合は，このアドレスのメモリ語にレジスタrtの内容をコピーする（図(b)）．ld, lh, lb, ld, sh, sbでは，この動作の単位となるデータの大きさが，それぞれ表3.3に示したようになる．

以上がデータ移動命令の基本であるが，これらの他にも，いくつか特殊なデータ移動命令がある．これについては，必要に応じて後節でとりあげる．

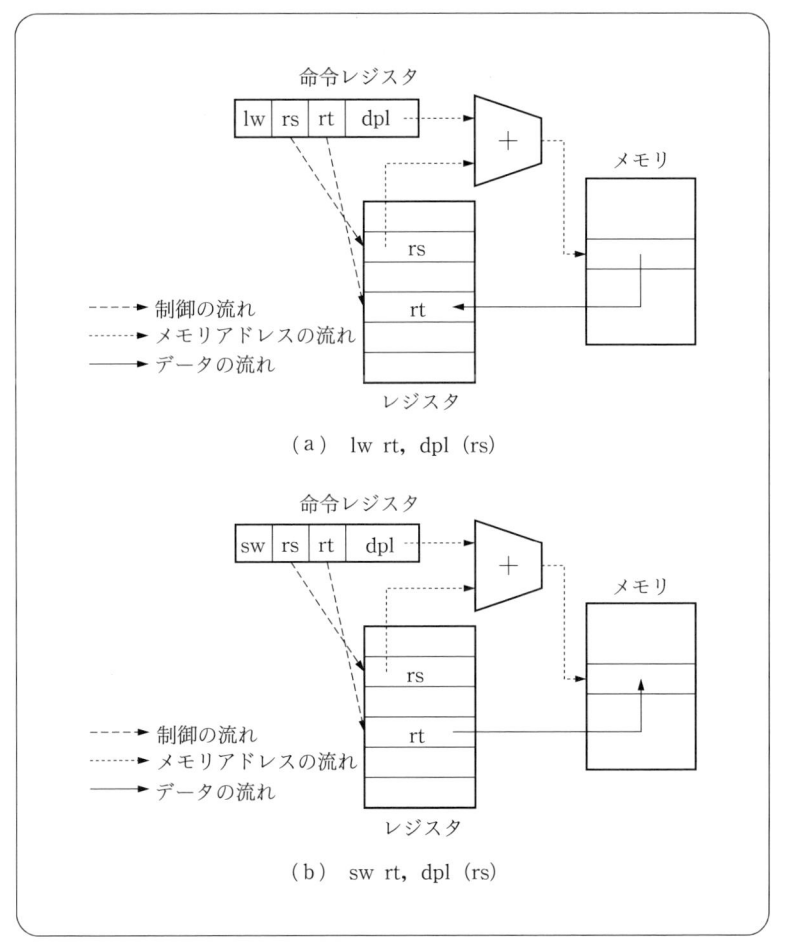

図 3.6 データ移動命令の動作

3.2.3 分 岐 命 令

　コンピュータの処理では，四則演算・論理演算とそれに伴うデータ移動が大切なことはいうまでもないが，特定の計算を繰り返したり，さまざまな条件によってプログラムの制御の流れを変更したりすることもそれに劣らず重要なことである．

　分岐命令は，この目的のために用意された，コンピュータの命令実行の順序を変更する命令である．無条件分岐命令と条件分岐命令に大別される．

　表 3.4 に代表的な無条件分岐命令を記す．表で pc はプログラムカウンタ（2.3 節参照）である．

表 3.4 無条件分岐命令

命令	意 味	形式	アセンブリ言語の表現	動 作
j	jump	A	j addr	pc ← addr
jr	jump register	R	jr rs	pc ← (rs)
jal	jump and link	A	jal addr	r 31 ← (pc)+4； pc ← addr

jは，ある命令番地へのジャンプを行う．番地は，命令に埋め込まれた定数で与えられる．jrではジャンプ先の命令番地がレジスタの内容（(rs)で示す）となる．jalは，ジャンプの前に特定レジスタ（ここでは31番レジスタ）に現在のプログラムカウンタの次の番地を入れておくもので，サブルーチン呼び出しに使われる（3.4節参照）．+4しているのは，メモリ番地がバイトアドレシング（3.3節参照）で，1命令が32ビット（4バイト）の大きさをもつことによる．

図3.7に無条件分岐命令jrの動作を示す．

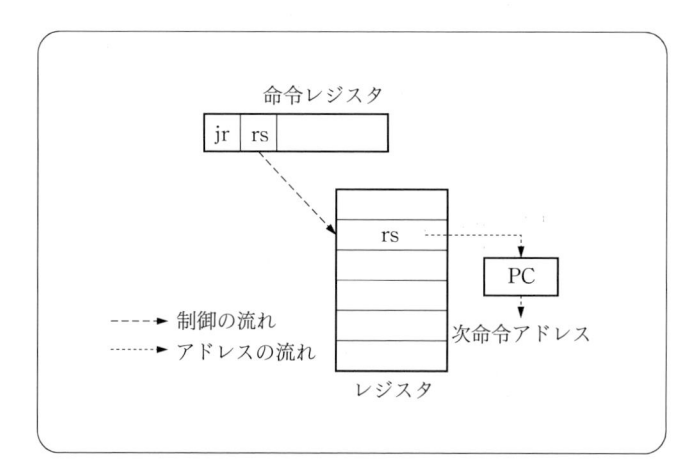

図 3.7 無条件分岐命令の動作

次に条件分岐命令について述べよう．表3.5に代表的な命令を示す．条件分岐命令は，レジスタの値や直前の演算結果によって，次にどの命令を実行するかを決める命令である．表に示すとおり，ここでは二つのレジスタの値の大小関係によって分岐する命令を考えた．例えば，beqは二つのレジスタの値が等しいときに指定された命令番地にジャンプする（図3.8）．

表 3.5 条件分岐命令

命令	意 味	形式	アセンブリ言語の表現	動 作
beq	branch on equal	I	beq rs, rt, dpl	rs=rt ならば pc ← (pc)+4+dpl
bne	branch on not equal	I	bne rs, rt, dpl	rs≠rt ならば pc ← (pc)+4+dpl
blt	branch on less than	I	blt rs, rt, dpl	rs<rt ならば pc ← (pc)+4+dpl
ble	br. on less than or eq.	I	ble rs, rt, dpl	rs≦rt ならば pc ← (pc)+4+dpl

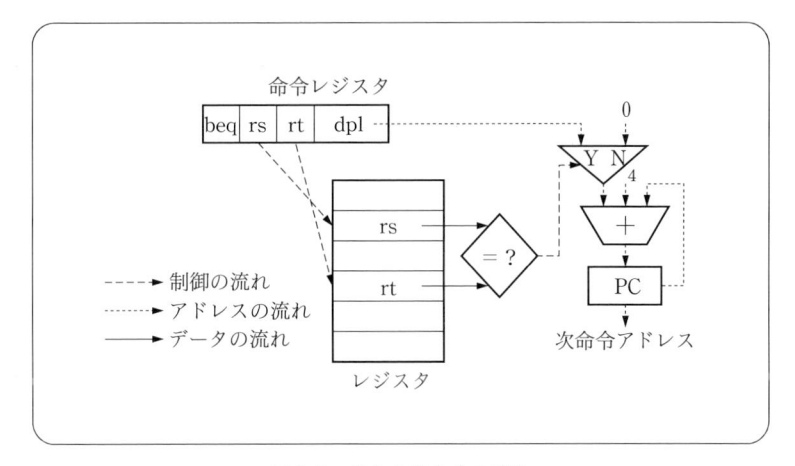

図 3.8　条件分岐命令の動作

表 3.5 には，blt，ble はあるが，bgt（branch on greater than）や bge（branch on greater than or equal）はない．これらは，それぞれ ble，blt で実現できる（rs と rt を入れ換えればよい）ので不要だからである．

3.3 アドレシング

アドレシング（addressing）とは，データや命令の居場所を特定することである．典型的には，命令からメモリの番地を生成することである．本節では，アドレシングの種類と機能についてまとめ，更にバイトアドレシングと定数の生成について学ぶ．

3.3.1　アドレシングの種類

本書では，アドレシングとして，表 3.6 の 4 種類を考える．もっと複雑なアドレシングも数多く考えられるが，いまのコンピュータアーキテクチャは，アドレシングを単純にしてサイクルタイムを減らすのが主流であり，われわれはこの考えに従う．

表3.6 アドレシング

アドレシング方式	命令の例（アセンブリ言語）	生成されるアドレス
即値アドレシング	addi rt, rs, imm	（直接値 imm を生成）
ベース相対アドレシング	lw rt, dpl (rs)	(rs)＋dpl
レジスタアドレシング	j rs	(rs)
PC相対アドレシング	beq rs, rt, dpl	(pc)＋4＋dpl（分岐するとき）

図3.9にアドレシングの動作例について示す．

lw，sw などデータ語を読み書きする命令は，すべてベース相対アドレシングでメモリ番地が与えられる．これは，ベースレジスタの内容に dpl フィールドの値を加算したものである．

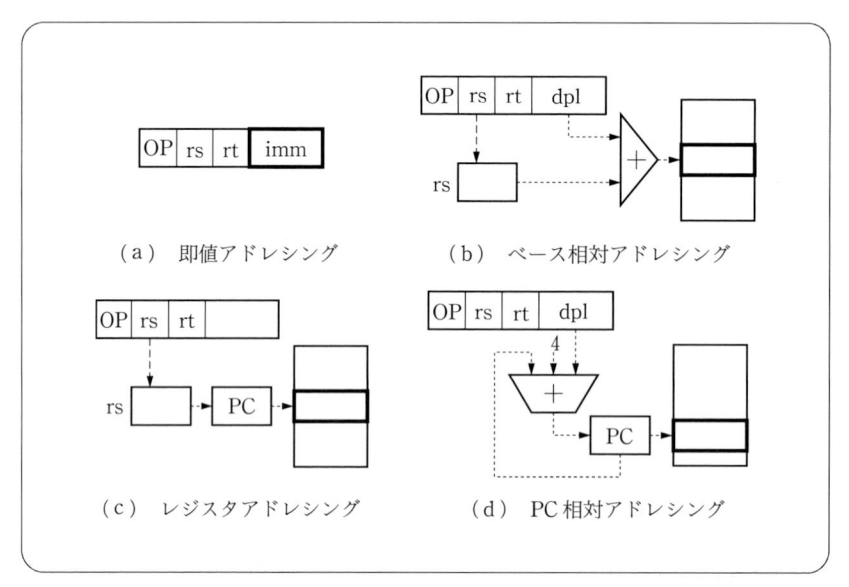

図3.9 アドレシングの動作例

レジスタアドレシングは，命令アドレス生成だけで用いられる．これは，jr 命令（3.2.3項）で用いられる．

PC 相対アドレシングは，pc の内容に dpl フィールドの値を加算したもの（＋4）を命令アドレスとするものである．ベース相対アドレシングのベースレジスタがプログラムカウンタになり，生成されるものがデータアドレスではなく命令アドレスになったものと考えることもできる．

3.3.2 バイトアドレシングとエンディアン

データは1語を単位として操作される場合が多いが，バイト単位で操作されることもある．一般に，メモリのアドレシングの単位はバイトである．すなわち，メモリアドレスは，メモリの中の1バイトを特定するものである．したがって，1ギガバイト（2^{30}バイト）のメモリのアドレシングには，30ビットのアドレスが必要となる．

データ語の中のバイトの並べ方には，図3.10のように，ビッグエンディアン（big endian）とリトルエンディアン（little endian）の2種類がある．

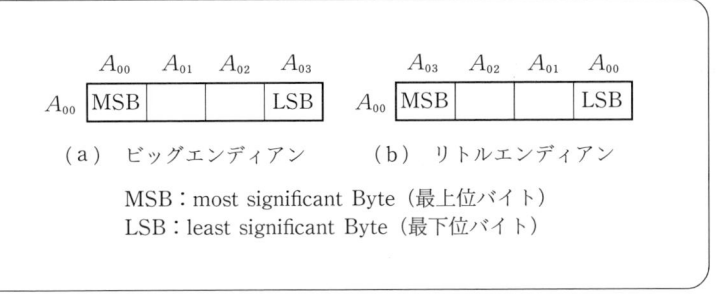

```
           A_00  A_01  A_02  A_03            A_03  A_02  A_01  A_00
    A_00 [ MSB  |     |     | LSB ]   A_00 [ MSB  |     |     | LSB ]
        （a）  ビッグエンディアン      （b）  リトルエンディアン

    MSB：most significant Byte（最上位バイト）
    LSB：least significant Byte（最下位バイト）
```

図3.10　ビッグエンディアンとリトルエンディアン

ビッグエンディアンでは，図（a）のように，データ語のアドレスA_{00}に最上位のバイト（MSB, most significant byte）を格納し，A_{01}に上から2番目の，A_{02}に上から3番目の，A_{03}に最下位のバイト（LSB, least significant byte）を格納する．

これとは反対に，**リトルエンディアン**では，図（b）のように，データ語のアドレスA_{00}にLSBを格納し，A_{01}に下から2番目のバイト，A_{02}に下から3番目のバイト，A_{03}にMSBを格納する．

3.3.3 ゼロレジスタと定数の生成

本書では，多くの場合，レジスタファイルの中のレジスタ数を32として考えている．32本のレジスタのうちで，アーキテクチャ的に特殊な使い方をするものが数個（典型的には2個）ある．その一つが**ゼロレジスタ**（zero register）である．

ゼロレジスタの中身は恒常的に0であり，命令によって書き込みをしても値は変更されずに0のままである．ここでは，r0がゼロレジスタであるとする．

ゼロレジスタは，定数の生成やビット反転に使われる．3.Cにその例を示す．

44　　3. 命令セットアーキテクチャ

3.C　ゼロレジスタによる定数の生成とビット反転		
addi r1, r0, 28 （a）定数の生成 　　（16ビット）	addi r1, r0, 0101010101010101 sla r1, r1, 16 ori r1, r1, 0000000011111111 （b）定数の生成（32ビット）	eq r1 r0 r1 （c）ビット反転

　3.C（a）は16ビット以下の定数を生成するもので，I形の命令でr0と任意の定数を加算することで実現される．

　32ビットの定数を生成する場合は，まず上位の16ビットをこの方法で生成しておいてからこれを16ビット左シフトし，その結果と下位16ビットの論理和をとればよい（3.C（b））．この方法では三つの命令が必要となる（命令数を減らす方法については，「理解度の確認」問3.2を参照されたい）．

　ビット反転は，ゼロレジスタとeqを取ることで実現される（3.C（c））．

3.4　サブルーチンの実現

　サブルーチン（subroutine）は，よく使われるプログラムの部分をまとめて切り出しておくものである．必要に応じて何度でも呼び出せる．サブルーチンによってコードの再利用が可能となり，プログラムの分かりやすさが向上する．

　本節では，サブルーチンを実現するための機構とコール，リターンの手順（命令列）について学ぶ．

3.4.1　サブルーチンの基本

　サブルーチンは，プログラムの部分を切り出したものであり，プログラムから呼び出して使う．高級言語には必ずサブルーチンの構文が入っている．Cでは関数（function），**FORTRAN**ではサブルーチン（subroutine），**Pascal**では手続き（procedure）と呼ばれるものがこれである．

図3.11にサブルーチンの基本形を示す．呼出し時には引き数（argument）をもってサブルーチンのある場所にジャンプし，戻るときには返り値（return value）をもって元の場所にジャンプする．図では，x, y, z が引き数であり，サブルーチン P は引き数をもとに計算を行う．P の結果は，元のプログラムの中の変数 w に格納される．

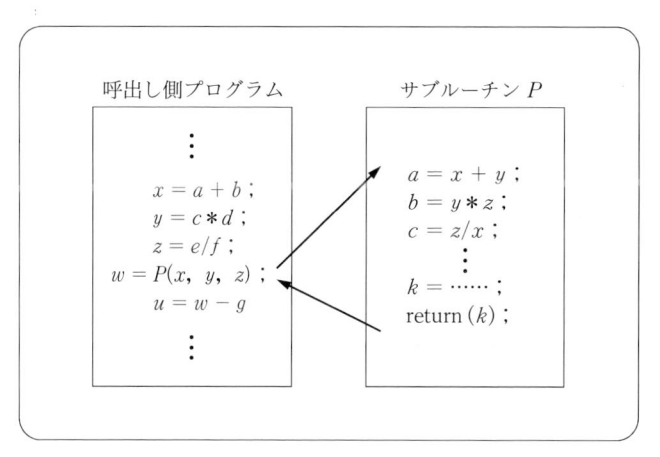

図3.11 サブルーチンの基本形

3.4.2 サブルーチンの手順

3.Dに，機械語レベルでのサブルーチンの手順を示す．

3.D サブルーチンの手順

① レジスタ値の待避
② 戻り番地（次の命令番地）の待避
③ サブルーチンの先頭番地へのジャンプ
④ サブルーチン本体の実行
⑤ 戻り番地へのジャンプ
⑥ レジスタ値の復帰
⑦ もとの命令列の実行再開

サブルーチン呼出しは，命令の戻り番地の確保をしてからジャンプすることになるが，このとき，呼び出されたサブルーチンの側で自由にレジスタを使うために，呼出し側で使っていたレジスタの値をいったんデータメモリに待避する必要がある．これには

（1） レジスタ値を呼出し側で待避する方式（**コーラセーブ方式**, caller save method）

（2） レジスタ値を呼び出された側が待避する方式（**コーリセーブ方式**, callee save method）

の2種類が考えられる．3.D はコーラセーブ方式だけを用いているが，データの種類によってはコーリセーブ方式のほうが適しているものもあるので，実際には両者を使い分けることになる．

サブルーチンからの復帰は，戻り番地へのジャンプを行い，呼出し側でレジスタ値を復帰することで実現される．

3.4.3 スタックによるサブルーチンの実現

3.4.2 項の手順で，最大の問題は，「レジスタ値はどこに待避するのか．どうやってこれを復帰させるのか」ということである．

待避領域は，データメモリの中に確保されている．この領域の使い方は，一般に，スタック（stack）と呼ばれるデータ構造を用いる（図3.12）．

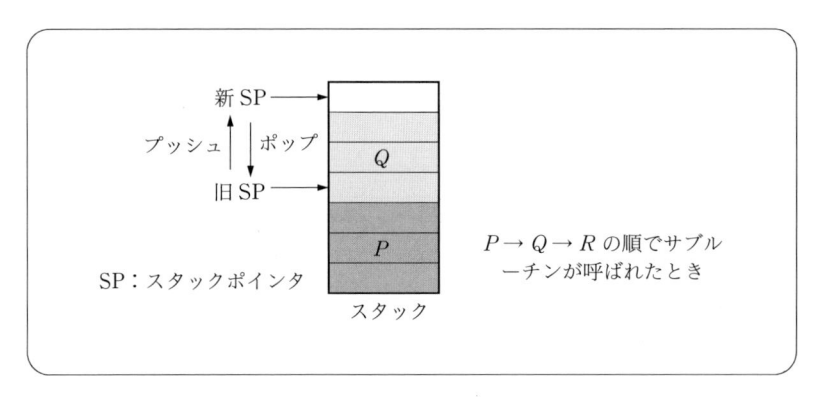

図3.12 スタックとサブルーチン

スタックは通常のメモリと同じ一次元の記憶であるが，データの読み書きを，「最新に書き入れたものから読み出す」方式（last in first out，**LIFO**）で行う点に特徴がある．

サブルーチンを呼び出すときは，待避するデータをスタックに順次書き込んで積み上げていく．この操作を**プッシュ**（push）と呼ぶ．逆にサブルーチンから復帰するときは，待避したデータをスタックから順番に読み出していく．この操作を**ポップ**（pop）と呼ぶ．

プッシュ，ポップのためには，スタックの一番上を指すレジスタが必要である．このレジスタを**スタックポインタ**（stack pointer，sp）と呼ぶ．

本書では，スタックポインタを汎用レジスタの一つとして実装することを考える．すなわち，プログラムを書くときの約束事として一つのレジスタをスタックポインタ専用に使うことにする．このとき，スタックへのプッシュ，ポップは，3.E のようなプログラムとなる．

3.E　スタック操作のプログラム
sw r 1, 0(sp)　　sub sp sp 4
add sp sp 4　　lw r 1, 0(sp)
（a）プッシュ　　（b）ポップ

3.4.4　サブルーチンのプログラム

　サブルーチンを実現するアセンブリ言語のプログラムを 3.F に示す．

　3.F は 3.D を具体化したものである．jal, jr の二つの命令がそれぞれサブルーチン呼出しとサブルーチンからの復帰を実現している．すなわち，jal は戻り番地を r 31 に入れて，address へジャンプする．jr r 31 は戻り番地を PC に戻すことで，元のプログラムの実行を再開する．jal は 3.D ②，③を，jr は同じく⑤を実現している．

3.F　サブルーチンのアセンブラプログラム
sw r 1, 0(sp)　　；レジスタ値の待避（必要なだけ）始め
sw r 2, 4(sp)
……
sw rk, 4k−4(sp)　；レジスタ値の待避終わり
add sp, 4k
jal address
sub sp, 4k
lw r 1, 0(sp)　　；レジスタ値の復帰始め
lw r 2, 4(sp)
……
lw rk, 4k−4(sp)　；レジスタ値の復帰終わり
元の仕事の続き
……
address：……　　　サブルーチン本体
……
……
jr r 31

談話室

CISC と RISC 命令セットの設計は，コンピュータ設計の基本である．これには CISC (complex instruction set computer) と RISC (reduced instruction set computer) の二つのやり方がある．

CISC は，命令セットを大きくし，アドレシング方式を数多く用意することで，目的とする操作をできるだけ1命令で実現し，プログラムの実行効率をあげようという方式である．これに対して **RISC** は，命令はよく使われるものだけに限定し，アドレシング方式も必要最小限に絞ってハードウェアを簡単化し，命令実行時間を短くすることで，高速化をはかるものである．RISC の場合，アドレシングだけでなく，命令語は1語の固定長とし，メモリと CPU のデータのやりとりは，原則としてロード命令とストア命令だけとしている．

歴史的には CISC が先行した．IBM の汎用コンピュータや Dec の VAX-11, Intel の 80486 などは CISC の典型例といってよい．一方で 1980 年代以後は，RISC がコンピュータの主流となり，Sparc, MIPS, Power PC, PA-RISC, Alpha といったマイクロプロセッサが RISC として作られた．最も普及したマイクロプロセッサである Pentium も，1995 年からは RISC をベースに作られるようになった．Pentium は過去の CPU との互換性をとる必要から命令セットは複雑なものになっているが，これを RISC 命令に分解して実行する方式となっている．

RISC の成功の原因は
① よく使う命令を重点的に高速化するという設計思想が正しかったこと，
② コンパイラとの連携に適していたこと，
③ マイクロプロセッサの高集積化・高性能化の意味をよく認識していたこと，
などであろう．

本章のまとめ

❶ **命令セット**　コンピュータのすべての命令の集まりである．

❷ **命令の表現形式**　命令の2進数表現の形式．フィールドで区切られる．R形，I形，A形に分類される．

❸ **アセンブリ言語**　機械語を記号で置き換える言語である．

❹ **算術論理演算命令**　四則演算やシフトなど．レジスタとレジスタまたはレジスタと即値の間で演算がなされ，結果はレジスタに格納される．

❺ **データ移動命令**　レジスタとメモリの間のデータのコピーを行う．

❻ **分岐命令**　制御の流れを変更する．無条件分岐命令と条件分岐命令に分類される．

❼ **アドレシング**　メモリアドレスの生成方式．即値アドレシング，ベース相対アドレシング，レジスタアドレシング，PC相対アドレシングなどがある．

❽ **サブルーチン**　部分プログラムを再利用可能な形にしたもので，PCを含むレジスタの待避が必要である．スタックを用いる．

● 理解度の確認 ●

問 3.1 条件分岐命令の実現法について考えよう．

（1）本文中に述べたbeq, bltなどをすべて命令として用意する．

（2）算術演算命令の実行時に，ALUの出力のうち，キャリや，全データビットのOR（ゼロ判定）をとったものを特殊なレジスタ（フラグレジスタ，flag register）に入れることにする．その上で，特定のフラグレジスタの値に従って分岐する命令を用意する．

（3）beq, bneと，表3.7に示すsltなどを用意しておく．

bltは，次のように二つの命令で実現する．

　　　slt rd, rs, rt

　　　beq rd, 1, dpl

これら三つの方式の利点・欠点を検討せよ．

表3.7　条件セット命令

命令	意味	形式	アセンブリ言語の表現	動作
slt	set on less than	R	slt rd, rs, rt	rs<rt ならば rt←1 ; else rt←0 ;
slti	set on less than imm.	I	slti rt, rs, imm	rs<imm ならば rt←1 ; else rt←0 ;

問 3.2 ゼロレジスタなしに，0 を生成することは可能である．どういう方法が考えられるか述べよ．また，提案した方法とゼロレジスタを使う方法を比べての得失を述べよ．

問 3.3 32 ビットの定数を生成する方法として，3.C(b) に示した．これ以外に，表 3.8 の命令を準備する方法が考えられる．

lui を使った 32 ビットの定数の生成は，次のような手順となろう．

  lui r 1, 0101010101010101

  ori r 1, r 1, 0000000011111111

lui を使った方法と，3.C(b) の方法を比較して得失を論ぜよ．

表 3.8 **lui 命令**

命令	意味	形式	アセンブリ言語の表現	動作
lui	load upper immediate	I	lui rt, imm	rt ← imm0000000000000000

問 3.4 二つのレジスタ r 1，r 2 の中身を交換したい．通常考えられる命令列は次のものである．

  add r 3, r 1, r 0

  add r 1, r 2, r 0

  add r 2, r 3, r 0

これだと，r 3 という余分なレジスタが必要になる．余分なレジスタを使わず，3 命令でこれを実現する方法を考え，アセンブリ言語でプログラムせよ．

4 パイプライン処理

　パイプラインは，流れ作業によって処理の効率を飛躍的に向上させる技術である．本章では，命令パイプラインの原理・機構について述べ，その阻害要因と解決法について基本的な事項を解説する．

4.1 命令パイプライン

パイプライン（pipeline）とは流れ作業のことである．コンピュータの作業を N 個の工程に分け，すべての工程を同時に実行することで，処理スループットを N 倍にすることができる．

4.1.1 パイプラインの原理

自動車組立て工場のベルトコンベアを思い出そう．1台の車を作るのにたくさんの工程があり，それぞれの工程を人やロボットが担当している．いま，単純化のために各工程をこなすのに必要な時間がすべて同じとし，これを T とする．全体で N 個の工程があるとすると，次式が成り立つ．

$$1\text{台の自動車を作るのに要する時間} = N \times T \tag{4.1}$$

$$\text{単位時間当りに作られる自動車台数} = \frac{1}{T} \tag{4.2}$$

この二つの式がパイプラインの基本である（**図 4.1**）．

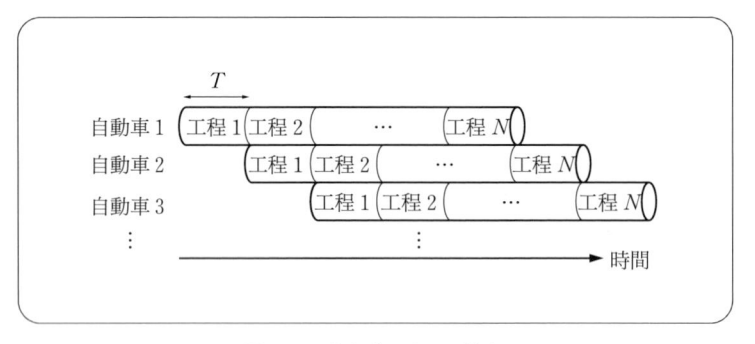

図 4.1 パイプラインの基本

パイプラインとは，全体の作業を多数の工程に分割し，各工程を並列に処理することで，単位時間あたりの処理量を飛躍的に向上させる流れ作業のことである．このとき，作業開始から終了までの時間（式(4.1)で与えられる）を**実行時間**（execution time）といい，単位時間当りに完了する作業の量（式(4.2)で与えられる）を**スループット**（throughput）と呼

ぶ．また，工程のことを**ステージ**（stage）と呼ぶ．

　組立て工場の例では，1台の自動車を作るのに要する時間は問題にならない．1分当りに何台の自動車が完成するかが問題である．すなわち，実行時間ではなくスループットが問題である．式(4.2)より，これを増やすには，各ステージに要する時間を短縮すればよいことになる．全体の作業量が決まっている場合は，これをできるだけ多くのステージに分け，1ステージ当りの作業量を減らすことが重要となる．

4.1.2 命令パイプラインの基本

　コンピュータの処理もパイプライン化することで処理の効率を飛躍的に高めることができる．コンピュータでは，前節で「自動車を作る」ことを，「命令を実行する」ことに置き換えて考えればよい．いま，N を命令処理の工程の数とし，T を各ステージの実行時間（すべてのステージで同じ）とすると，次式が成り立つ．

$$\text{一つの命令の処理時間} = N \times T \tag{4.3}$$

$$\text{スループット} = \frac{1}{T} \tag{4.4}$$

ここで，スループットは，単位時間当りに終了する命令の数である．

　ここでは，命令処理のパイプラインを単に**命令パイプライン**（instruction pipeline）と呼ぶことにする．

　命令パイプラインの中身について考えてみよう．2.2節で述べたように，各命令は，次の四つのステップを踏んで実行される．

① **命令フェッチ**（instruciton fetch, F）　　命令メモリから命令を読み込む．

② **命令デコード**（instruciton decode, D）　　命令デコーダで演算装置やメモリの制御信号を生成する．同時に，レジスタファイルから演算に必要なレジスタの値を読み出す．

③ **演算実行**（execution, E）　　演算装置がデコーダで指定された演算を実行する．あるいはメモリの読み書きを行う．結果の格納場所の選択信号をデコーダで指定された値にセットする．

④ **結果の格納**（write back, W）　　レジスタファイルに実行結果を格納する．プログラムカウンタ（PC）の値を次の命令のためにセットする．

　命令処理をパイプライン化するのに最も単純なやりかたは，この各ステップをステージとしてパイプラインをつくることである．このとき，命令パイプラインは，F, D, E, W の四つのステージから成ることになる．本書では，これを**基本命令パイプライン**と呼ぶ．

　図 4.2 に基本命令パイプラインが理想的に働いた場合の処理の流れを示す．このとき，1

54 4. パイプライン処理

図 4.2 基本命令パイプラインの理想的な動作

ステージの実行時間 T で 1 命令の処理が終了することになる．以下では，簡単のために $T=1$（1 クロックで 1 ステージの処理を行う）と仮定する．このとき，図 4.2 の場合のスループットは 1 となる．

4.1.3 基本命令パイプラインの実現

図 4.3 に，基本命令パイプラインの制御とデータの流れを示す．これは，図 2.12 をパイプライン実行順序に従って書き直したものである．

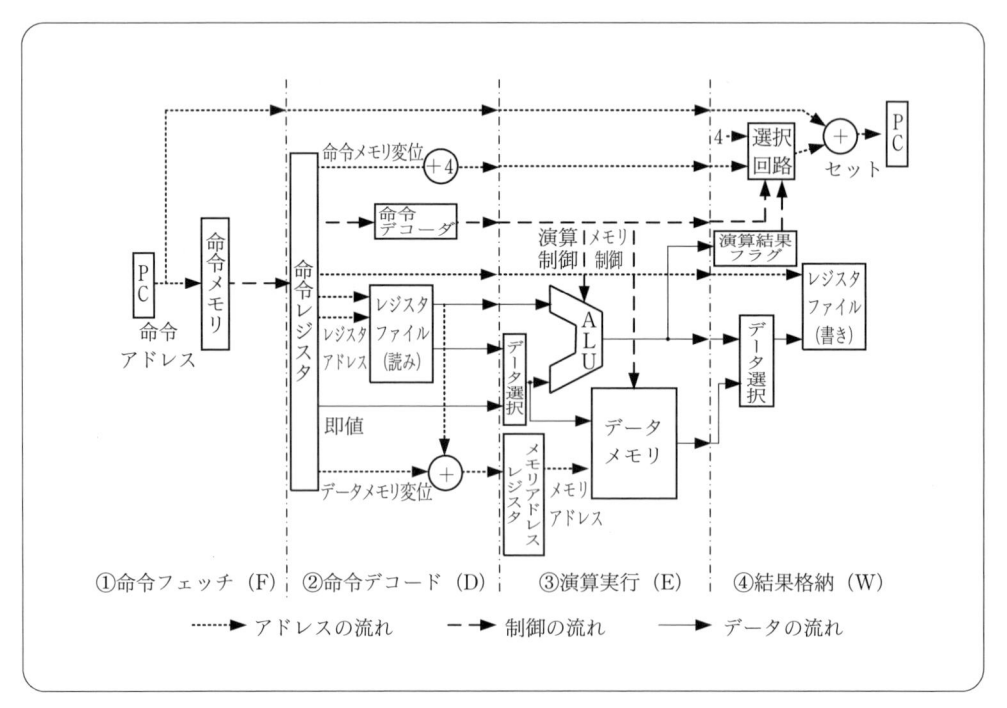

図 4.3 基本命令パイプラインの信号の流れ

図で一点鎖線は，各ステージの切れ目を表す．図4.2の動作が行われているとき，各ステージは，それぞれ別の命令を処理している．

実際のハードウェアでは，ステージの間がただの結線だと，前のステージの処理の影響が直ちに後のステージの処理に及ぶため，正しいパイプライン動作が行われないことが分かる．例えば，命令1がWステージ，命令2がEステージ，命令3がDステージ，命令4がFステージで処理されていたとしよう．図4.3のようにデータ線・制御線が素通しだと，Dステージの命令3のデータが命令2を実行中のALUの入力線に流れ込むことになり，不都合である．このような不都合がパイプラインの至るところで起こってしまう．

これを防ぐためには，各ステージの間にレジスタを設け，ここを通る信号はすべてレジスタを介するようにすればよい．すべてのレジスタは，一つのクロックに同期して動作するとする．このようなレジスタを**パイプラインレジスタ**（pipeline register）と呼ぶ．図4.3の命令レジスタやメモリアドレスレジスタも，一種のパイプラインレジスタと考えられる．

パイプラインレジスタを加えた基本命令パイプラインの構成を**図4.4**に示す．

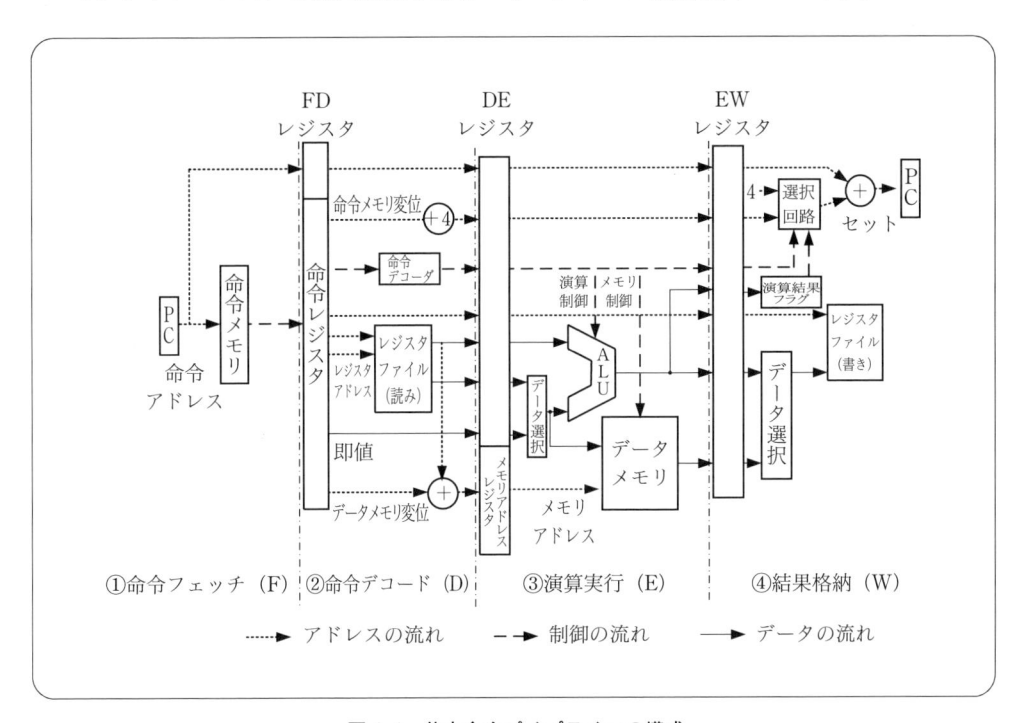

図4.4 基本命令パイプラインの構成

ここでは，FステージとDステージの間にFDレジスタ，DステージとEステージの間にDEレジスタ，EステージとWステージの間にEWレジスタと，三つのパイプラインレジスタが使われている．パイプラインレジスタは，データだけでなくアドレスや制御の信号

についても必要になる．

4.2 基本命令パイプラインの阻害要因

命令パイプラインにはいくつかの阻害要因があって，1クロック1命令のスループットを達成するにはさまざまな工夫が必要である．本節では，パイプラインの阻害要因について述べる．

4.2.1 オーバヘッド

パイプラインの基本式について考え直してみよう．N をステージ数，T をステージ当りの処理時間として，前に学んだ式(4.3)，(4.4)が成り立つ．

処理時間 T はすべてのステージで等しいとしているが，実際にはばらつきがある．したがって，最も時間のかかるステージの処理時間 T_{max} に合わせることになる．他のステージについては，T_{max} との差だけのむだが生じることになる．このような，本来の処理では存在しなかった余計な時間のことを**オーバヘッド**（overhead）と呼ぶ．

> **阻害要因1**．最も時間のかかるステージの処理時間で全体のスループットが決まる

次に，パイプラインレジスタによる遅延も無視できない．パイプラインレジスタがフリップフロップとして動作する（データが入力されてから安定した出力を得る）ための時間がこれである．

> **阻害要因2**．パイプラインレジスタによる遅延

阻害要因1の対策は自明であり，できるだけ各ステージの長さを合わせるということである．長すぎるステージは二つに分割し，短すぎるステージどうしは統合する．

阻害要因2は，高速なレジスタを使うことが第一であるが，これにも限度がある．パイプラインのステージ数が増えるほど，相対的にレジスタによるオーバヘッドが大きくなるため，ステージ数の限界はここからくることになる．

4.2.2 ハザード

命令をクロックごとにパイプライン動作させられない状態を**パイプラインハザード**（pipeline hazard）または単に**ハザード**（hazard）と呼ぶ．

> **阻害要因 3.** ハザード

ハザードには次の 3 種類がある．
① 構造ハザード　　② データハザード　　③ 制御ハザード
以下の各項でこれらの中身について説明する．

4.2.3 構造ハザード

構造ハザード（structural hazard）は，コンピュータの内部構成が原因のハザードのことである．これは，あるステージを実行中の命令 A と別のステージを実行中の命令 B が，同じハードウェア資源を使わなければならない場合などに生じる．

例をあげよう．コンピュータによっては，命令とデータは同じ一つのメモリに格納される．このときは，ふつう命令フェッチとメモリの読み書きは同時に実行できない．すなわち，ロードストア命令 A がメモリの読み書きを行うステージでは，後続の命令 B のフェッチが行えない（図 4.5）．これは構造ハザードの一種である．

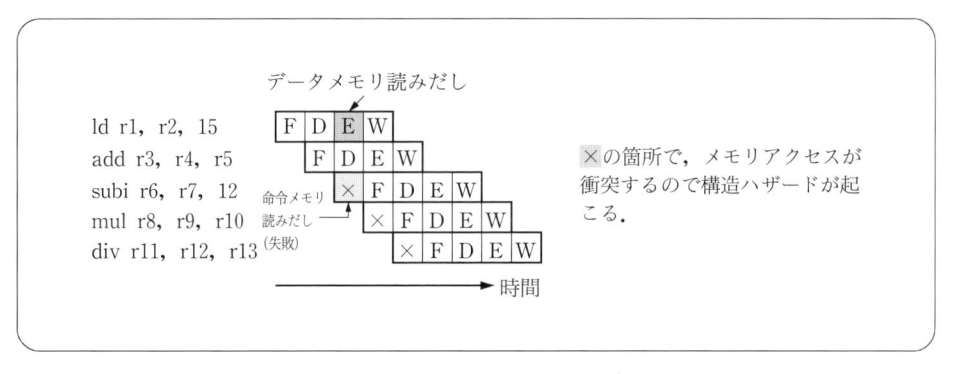

図 4.5　メモリアクセスの衝突による構造ハザード

ハザードによって命令の実行が止められる状態を**ストール**（stall）と呼ぶ．図 4.5 では，3 番目の subi 命令がストールして 1 クロック実行待ちの状態となる．

構造ハザードは多くの場合，資源の多重化によって解決可能である．例の場合は，データメモリと命令メモリを別々のものとし，これらのメモリをアクセスするための制御線やデー

タ線をそれぞれに独立にもたせてやればよい．

4.2.4 データハザード

命令 A の実行結果をみなければ後続の命令 B が実行できない場合がある．このようなとき，命令 A と命令 B の間に**依存関係**（dependence）があるという．

命令間の依存関係の一つが，**データ依存**（data dependence）である．データ依存は，命令 A で生成されるデータが命令 B で使われる，というような**生産者-消費者**（producer-consumer）の関係のことである．

A と B との間に十分な時間（他の命令）があって，両者がパイプライン上に同時に存在しない場合は問題ない．問題は，データ依存のある 2 命令が接近している場合である．

図 4.6 にデータ依存によってパイプライン実行が妨げられ，ストールが起こる例を示した．これは，すべての命令が直前の命令の結果のデータを使うケースである．五つの命令の実行は本来 8 クロックで終了するはずであるが，この場合は，16 クロックと 2 倍かかることになり，スループットは理想的な場合の半分になってしまう．このようにデータ依存によって起こるハザードを**データハザード**（data hazard）と呼ぶ．

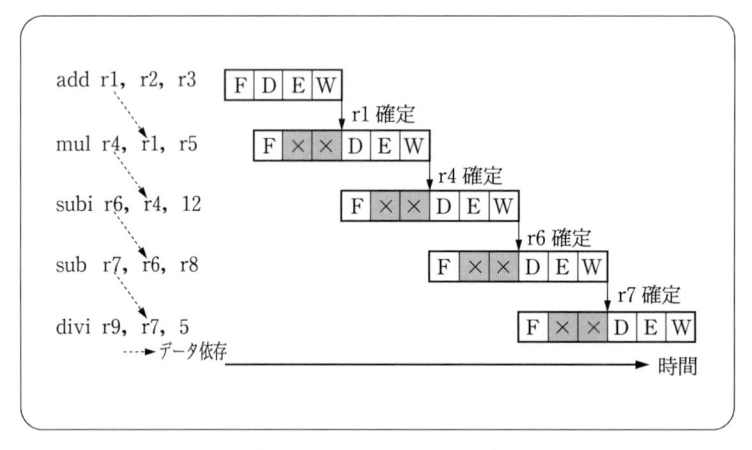

図 4.6　データハザード(1)

図 4.7 にデータハザードの別の例を示す．こちらは 2 命令後に結果データを使う場合である．このように，2 命令離れても，データハザードは起こる．図 4.7 の場合，5 命令の実行に 10 クロックかかっている．スループットは，理想的な場合の 80% である．

本章で扱っているのは 4 段の命令パイプラインである．4 段のパイプラインの場合，3 命令以上離れた命令の間ではデータハザードは起こらない．

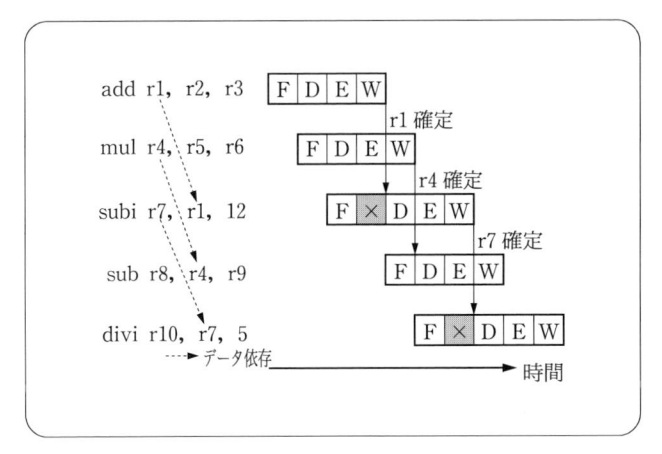

```
              add r1, r2, r3    [F][D][E][W]
                                          ↓ r1確定
              mul r4, r5, r6       [F][D][E][W]
                                             ↓ r4確定
              subi r7, r1, 12         [F][×][D][E][W]
                                                   ↓ r7確定
              sub r8, r4, r9              [F][D][E][W]
              divi r10, r7, 5                [F][×][D][E][W]
                            ----データ依存              → 時間
```

図 4.7 データハザード (2)

4.2.5 制御ハザード

命令間の順序関係を決めるのは，データ依存だけではない．分岐命令は後続の命令がどれになるのかを決める．そのため，分岐命令とそれ以後の命令には依存関係がある．これを**制御依存**（control dependence）と呼ぶ．

制御依存は**制御ハザード**（control hazard）の原因となる．**図 4.8** に制御ハザードの例を示す．図では，分岐命令のあるたびに，3クロックのストールが生じているのが分かる．

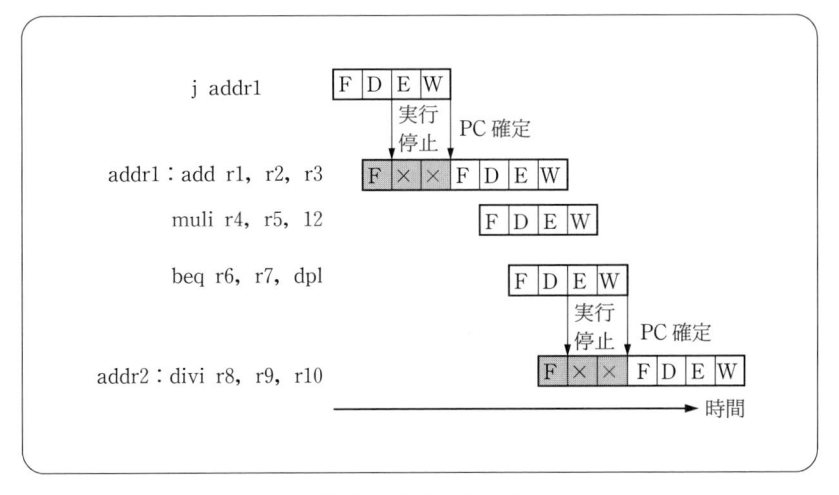

```
         j addr1              [F][D][E][W]
                                 実行    PC確定
                                 停止
         addr1 : add r1, r2, r3    [F][×][×][F][D][E][W]
         muli r4, r5, 12                      [F][D][E][W]
         beq r6, r7, dpl                         [F][D][E][W]
                                                    実行    PC確定
                                                    停止
         addr2 : divi r8, r9, r10                     [F][×][×][F][D][E][W]
                                                                      → 時間
```

図 4.8 制御ハザード

4.3 ハザードの解決法

本節では，4.2節で述べたハザードのうち，データハザードと制御ハザードの解決法，緩和法について学ぶ．

4.3.1 フォワーディングによるデータハザードの解消

データハザードを解消する最も基本的かつ有効な方法が**フォワーディング**（forwarding）である．フォワーディングは，**バイパシング**（bypassing），**ショートカット**（short-

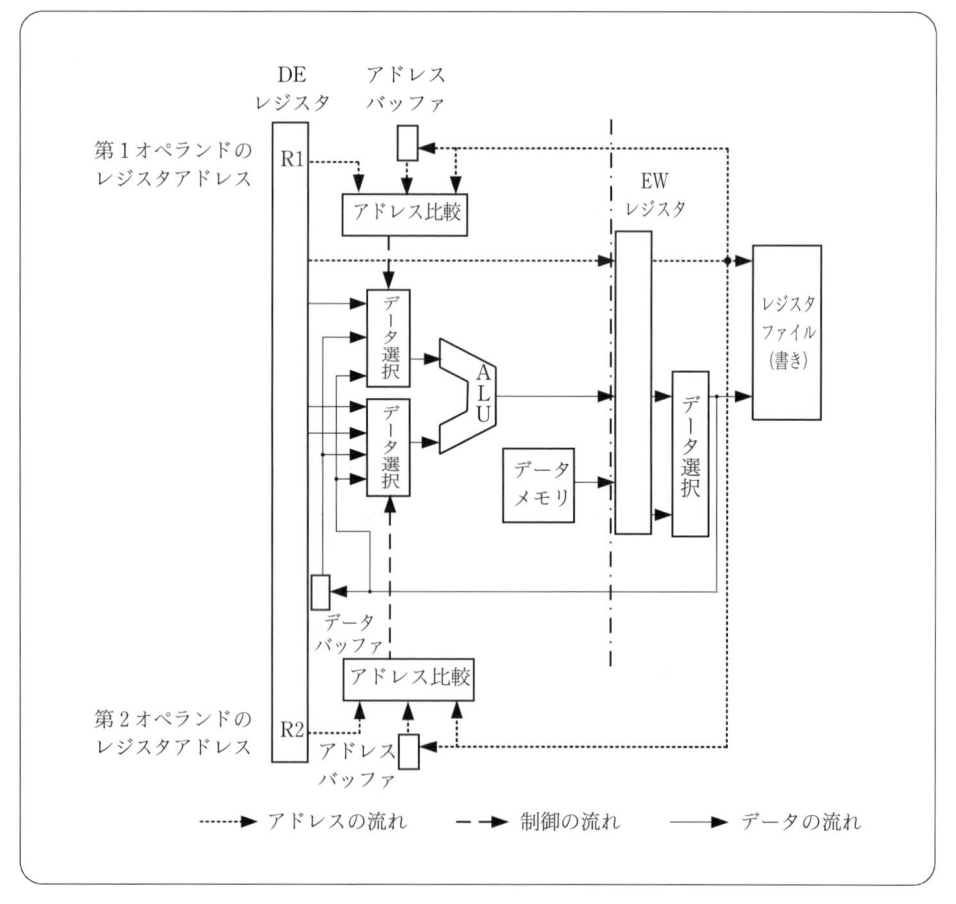

図4.9 フォワーディングの原理

cut）などとも呼ばれる．図 4.9 にフォワーディングの原理を示す．フォワーディングの原理は，E ステージの結果を，W ステージを経ることなく，直接に次の命令の E ステージに送り込んでやるということである．その際に実行結果を E ステージに戻すと同時に，結果を格納するレジスタの番地を戻してやり，次の命令で使うレジスタの番地と照合して，これが同じときに前の命令の実行結果を次の入力として用いる．

実際には，直後の命令だけでなく，二つあとの命令も，レジスタファイルを経由せずに E ステージの結果を使う．二つあとの命令へのフォワーディングのために，図 4.9 ではデータバッファとアドレスバッファを設けている．

フォワーディングによって，ある命令の結果を後続の命令がストールなく使えるようになる．図 4.10 にフォワーディング機構の入った命令パイプラインを示す．

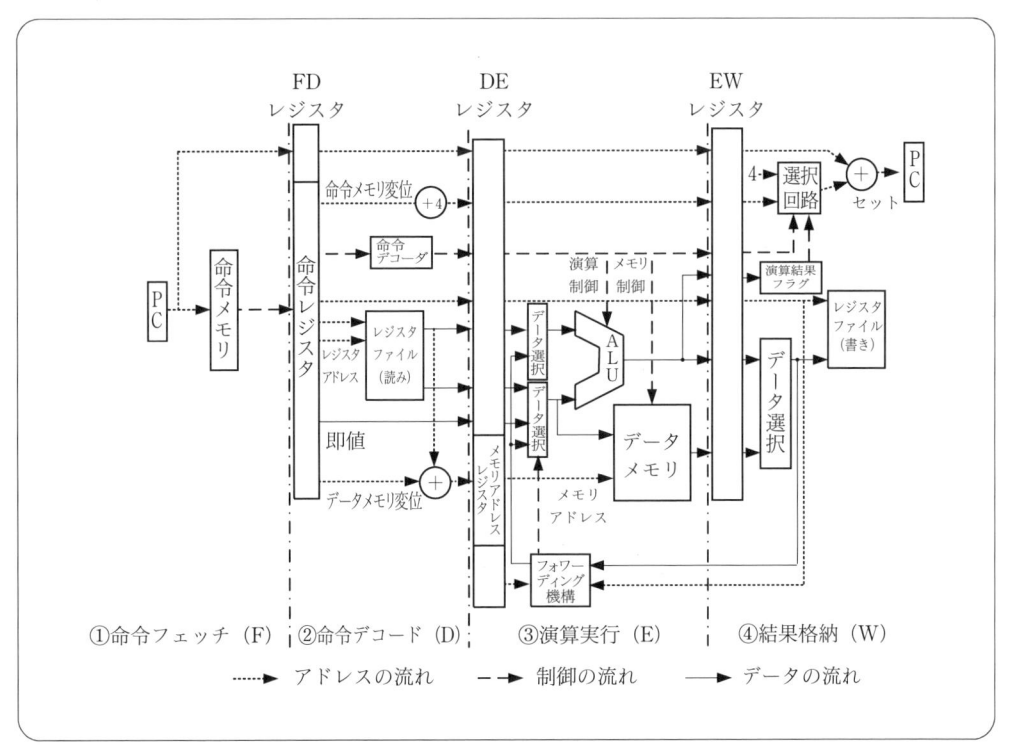

図 4.10 フォワーディング機構の入った命令パイプライン

4.3.2　命令アドレス生成のタイミング

制御ハザードによるストールは，4 ステージのパイプラインの場合で 3 クロックであり，これはパイプラインの長さが長くなるほど大きくなる．

ところで，無条件分岐命令の場合，分岐先は E ステージではなく，D ステージで決定で

きる．すなわち，命令が無条件分岐だった場合，次の PC のセットを D ステージの終わりで行うことで，図 4.8 のパイプラインを**図 4.11** のように効率化できる．ただし，これは条件分岐命令には有効ではない（図 4.8 と 4.11 で beq によるストール時間に変化がないことを確認せよ）．

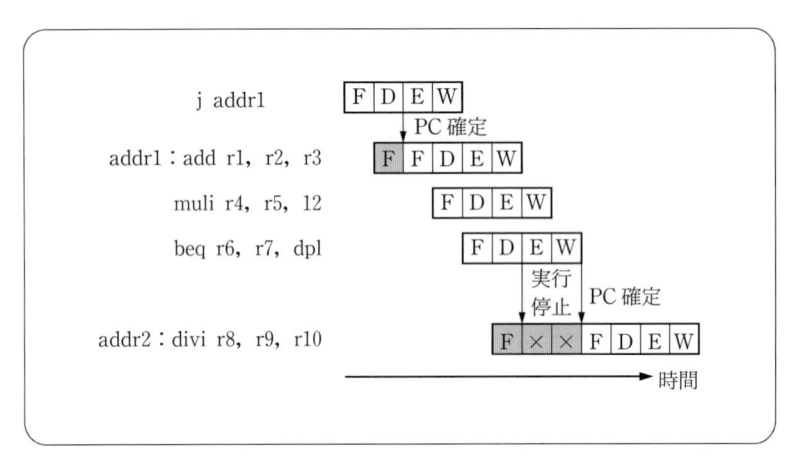

図 4.11 命令アドレス生成を早めることによる制御ハザードの緩和

4.3.3　遅延分岐

条件分岐命令で，分岐をしてもしなくても，直後に同じ命令を実行するとする．この場合，次のような特別な分岐命令である**遅延分岐**（delayed branch）が有効である．

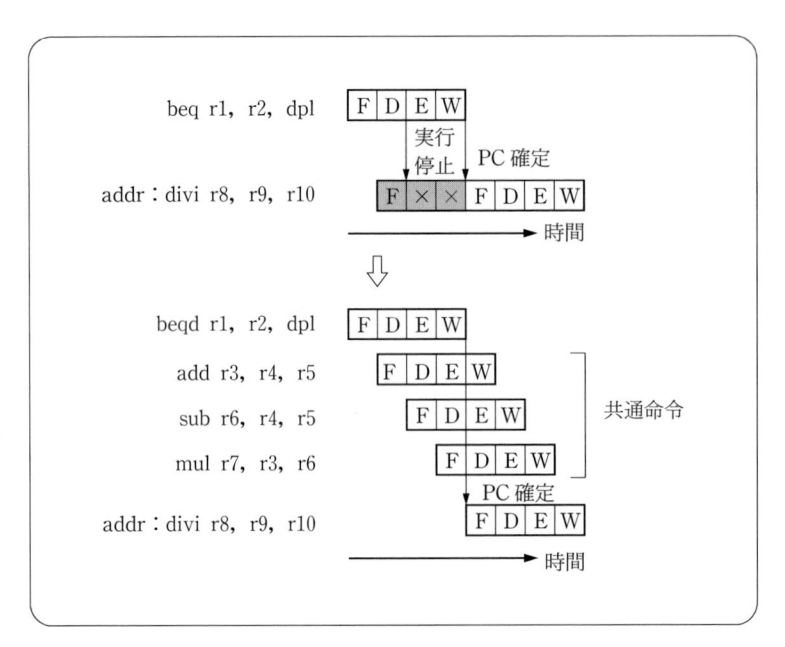

図 4.12　遅 延 分 岐

① 分岐のあるなしにかかわりなく実行する命令（共通命令）を分岐命令の次のアドレス（遅延スロット，deyaled slot）に入れておく．

② 遅延分岐命令は，定められた数の共通命令をパイプライン実行したあとで PC をセットする．

これによって，もし共通命令が十分な数あれば，分岐によるストールをなくすことができる．図 4.12 に遅延分岐によって制御ハザードを解消した例を示す．図で beqd が遅延分岐命令である．

4.3.4 分 岐 予 測

制御ハザードを解消するために，「分岐が起こるかどうかを予測して処理を進め，予測がはずれた場合に分岐命令以下の命令を破棄する」やりかたをとることがある（図 4.13）．こ

```
アド
レス                   「分岐しない」ことを予測
204  beq r1, r2, 40   F D E W   分岐しないことが決定
208  add r3, r4, r5     F D E W
212  sub r6, r7, r8       F D E W
216  mul r9, r10, r11       F D E W
220  div r12, r13, r14        F D E W
                                      → 時間
```

（a）分岐予測が当たった場合

```
アド
レス                   「分岐しない」ことを予測
204  beq r1, r2, 40   F D E W   分岐することが決定
208  add r3, r4, r5     F D E ×
212  sub r6, r7, r8       F D × ×       フラッシュ
216  mul r9, r10, r11       F × × ×
248  and r15, r16, r17         F D E W
                                      → 時間
```

（b）分岐予測がはずれた場合

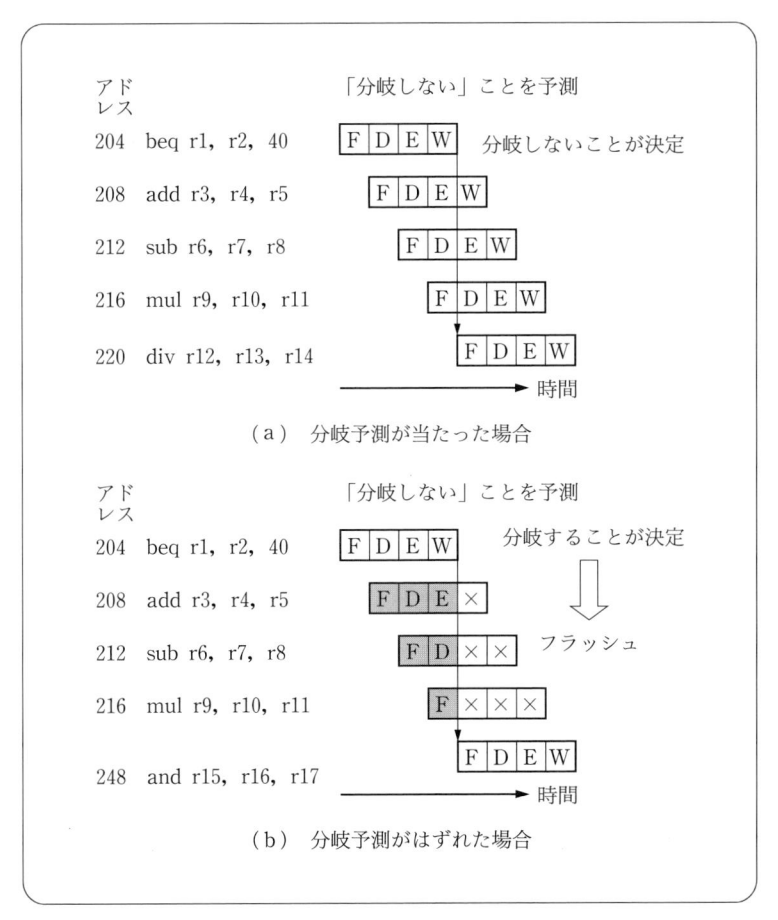

図 4.13　分 岐 予 測

れを**分岐予測**（branch prediction）という．分岐予測には，予測のための機構とパイプラインの F, D, E ステージに入っている命令をいっせいに消去（フラッシュ，flush）する機構が必要になる．

予測のやりかたは，常にどちらか一方に分岐するものとする固定的なものから，過去の履歴にもとづく動的なものまでさまざまあり，ハードウェアの複雑さも成功率も方式によって変わってくる．

最も簡単な分岐予測は，「常に分岐しない（する）と予測」する方式である．これと同じぐらい簡単な分岐予測として，「命令アドレスが小さくなるほうを予測」する方式がある．後者は，プログラムが多くループを回ることで実行され，ループの終端での条件分岐はほとんどの場合がループの先頭に戻るものであることを根拠としている．

図 4.13 は「常に分岐しないほうを予測」する方式をとったときのパイプラインの動作を示している．分岐予測が当たったとき（分岐しなかったとき），パイプラインはストールなしに動作する（図(a)）．分岐予測がはずれたとき（分岐したとき），パイプラインは 3 クロックの間ストールするが，これは分岐予測をしなかった場合と同じストール時間である．3 クロック後に，パイプラインの上の三つの命令がフラッシュされる．

動的な分岐予測として，2 ビット予測器がよく知られている（**図 4.14**）．2 ビット予測器の原理は，各分岐命令が 2 回続けて分岐するか，2 回続けて分岐しなかった場合に予測を変

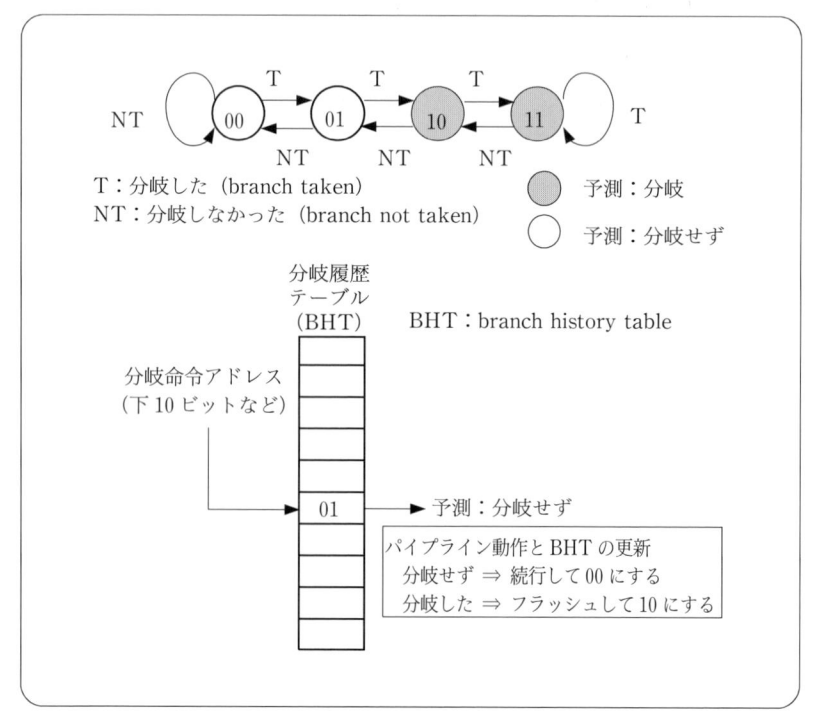

図 4.14　動的分岐予測方式(1)：2 ビット予測器

える，というものである．

2ビット予測器は，**分岐履歴テーブル**（branch history table，BHT）と呼ばれるテーブルとその更新のためのハードウェアからなる．テーブルは，分岐命令のアドレス（の一部）をインデックスとし，分岐の履歴を中身とする．分岐の履歴は，四つの値をとる状態変数で表現される．状態変数の値は分岐したときに1増えるようにし，分岐しなかったときに1減るようにする（状態変数の値は3が上限，0が下限である）．

分岐履歴テーブルの該当するエントリの値が00または01のときは「分岐しない(NT)」ほうを予測する．10または11のときは「分岐する（T）」ほうを予測する．予測が当たったときはパイプライン実行をそのまま進め，はずれたときはパイプラインをフラッシュする．エントリの値を状態遷移に従って変更する．

更に進んだものとして，図 4.15 に示す2レベル適応形予測器がある．

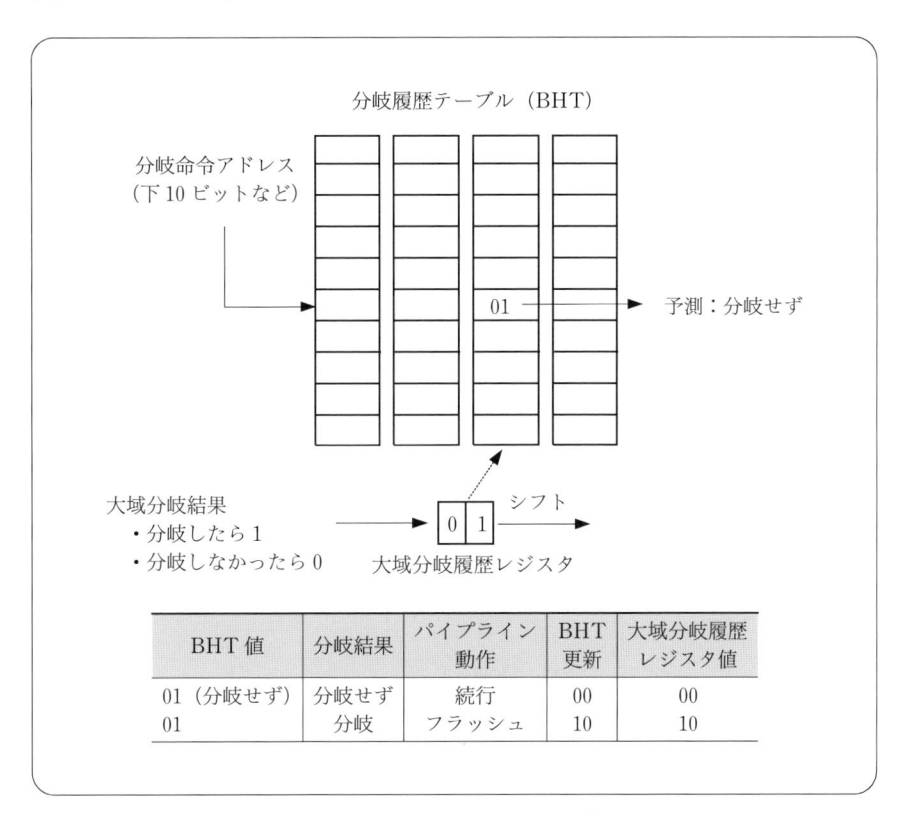

BHT 値	分岐結果	パイプライン動作	BHT更新	大域分岐履歴レジスタ値
01（分岐せず）	分岐せず	続行	00	00
01	分岐	フラッシュ	10	10

図 4.15　動的分岐予測(2)：2レベル適応形予測器

2レベル適応形予測器のアイディアは，「各分岐命令ごとの履歴と，すべての分岐の履歴の両方を使えばよりよい分岐予測ができる」というものである．図4.15では，すべての分岐の履歴を過去2回分だけ「大域履歴レジスタ」と呼ばれる2ビットのレジスタで保持する．次に各分岐命令ごとの履歴を，大域履歴レジスタの値ごとに分類して，2ビット予測器

として保持しておく．新しく分岐命令が来たときは，分岐命令アドレスと大域分岐レジスタの両方で2ビット予測器を特定し，これをもとに予測を行う．以後の動作は図4.14と同じであるが，大域履歴レジスタを更新する点だけが異なる．

2レベル適応形予測器の平均的な成功率は90%を超えるといわれる．

4.3.5 命令スケジューリング

ハザードの解消をソフトウェア的に行うことも大切な技術である．依存関係のある命令をプログラムの中でできるだけ離した位置に置くようにすれば，ハザードが起こりにくくなる．一般に命令の位置を最適化することを**命令スケジューリング**（instruction scheduling）という．命令スケジューリングはコンパイラが行う．

構造ハザードについてはこの効果が大きい．

データハザードについては，フォワーディングによってハザードは防止されるため，命令スケジューリングによる最適化は必要ない．ただし，図4.10を見ると分かるように，本書の基本命令パイプラインでは，メモリアドレスの生成だけは，フォワーディングが間に合わないと考えられるため行っていない．よって，ここでハザードが起こりうる．図4.16(a)

(a) メモリアドレス生成のデータハザード

(b) 命令スケジューリング後

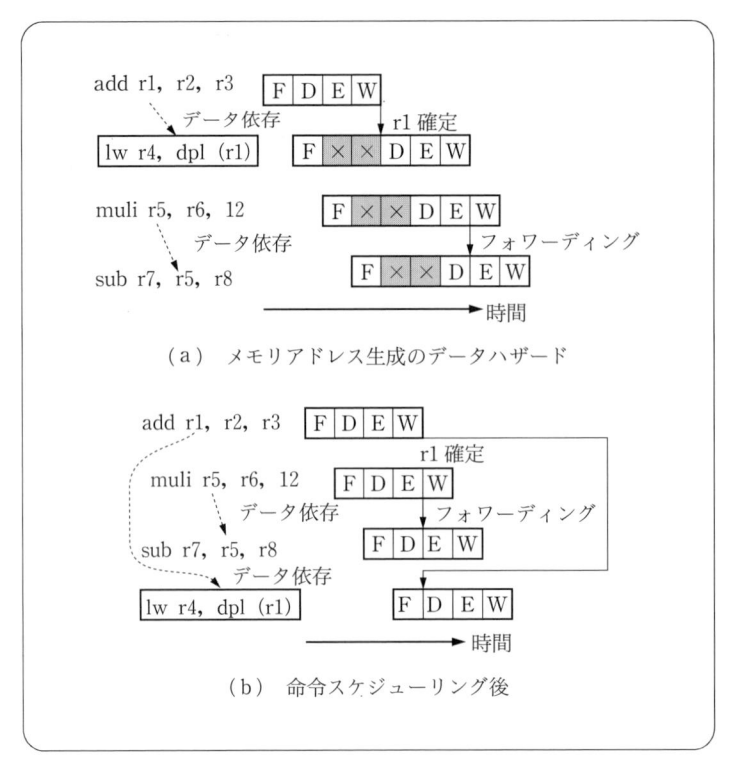

図4.16　命令スケジューリングによるハザードの解消

はメモリアドレス生成のときのデータハザードの例である．このような場合には，命令の順番を入れ替えれば，ストールを防ぐことができる（図(b)）．

命令スケジューリングの役割としては，このほかにも次のようなものがある．
- 制御ハザードの防止のために，遅延分岐を使い，遅延スロットに共通命令を充てんする．
- ループの本体を大きくするなどして，分岐命令の生起間隔を大きくする．

本章のまとめ

❶ **パイプライン**　　流れ作業によって処理効率を飛躍的に向上させる技術

❷ **処理時間**　　一つの（命令の）処理がはじまってから完了するまでの時間．$N \times T$（N はパイプラインのステージ数，T は1ステージの処理時間）

❸ **スループット**　　単位時間に終了する処理量（命令数）．$1/T$

❹ **基本命令パイプライン**　　命令フェッチ（F），命令デコード（D），演算実行（E），結果の格納（W）からなるコンピュータのパイプライン

❺ **パイプライン阻害要因**　　最も時間のかかるステージ，パイプラインレジスタによる遅延，ハザード

❻ **ハザード**　　パイプライン動作ができなくなる状態．構造ハザード，データハザード，制御ハザードに分類される．

❼ **構造ハザード**　　コンピュータの内部構成に原因をもつハザード

❽ **データハザード**　　命令間のデータ依存関係に基づくハザード

❾ **制御ハザード**　　分岐命令によるハザード

❿ **フォワーディング**　　前の命令の実行結果を直接Eステージに送ることでデータハザードを解消する手法

⓫ **制御ハザードの緩和法**　　命令アドレスの早期生成，遅延分岐，分岐予測，命令スケジューリング

⓬ **分岐予測**　　分岐の有無を予測し，成功すれば続行，失敗すればパイプラインをフラッシュする．2ビット予測器，2レベル適応形予測器など

●理解度の確認●

問 4.1 図 4.17 に本文とは異なるパイプライン構成を示す．このパイプラインは 5 ステージからなる．F と W は同じだが，D，E を三つに分けて，D，E，M（メモリアクセス）としている（図ではフォワーディング機構はわざと省略してある）．

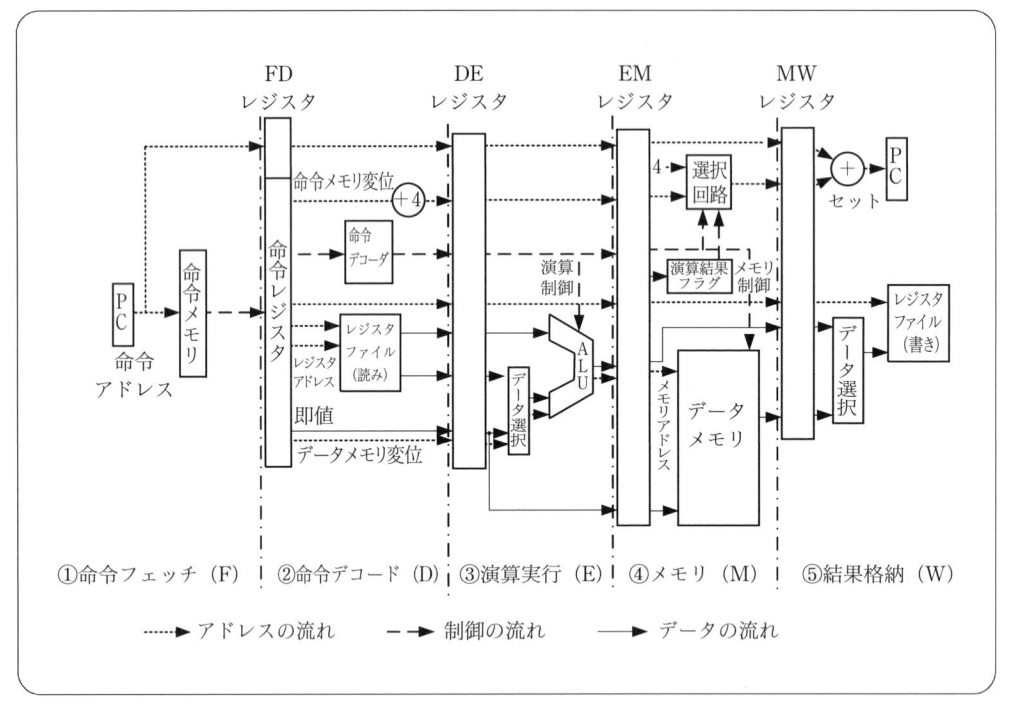

図 4.17 5 ステージのパイプライン

この 5 ステージのパイプラインが 4 ステージのパイプラインと比較して優れている点と劣っている点を列挙せよ．

問 4.2 データハザードを防ぐためにフォワーディングを導入した．このことで，新たな問題が発生する可能性があるが，それはどういうことか．

問 4.3 2 ビット分岐予測器による予測が 100 ％失敗する場合を考えよ．

問 4.4 命令スケジューリングの一つとして，依存関係のない二つの命令の位置を入れ換えることが行われる．次の二つの命令は順番を入れ換えられるか．入れ換えられないとすれば，その理由を述べよ．

    lw r1, 0(r2)
    sw r3, 5(r4)

5 キャッシュと仮想記憶

メモリに望ましい性質は，高速であること，大容量であること，安全に使えることである．これらを実現するために，キャッシュと仮想記憶を導入する．

5.1 記憶階層

高速大容量はメモリの条件だが，メモリデバイスの速度と容量は両立しないのがふつうである．これを解決する一般的な方法は，「低速大容量のメモリ」のよく使われる一部を「高速小容量のメモリ」にコピーしておき，ふだんは後者を主に使うことである．キャッシュと記憶階層はこれを実現するものである．

5.1.1 命令パイプラインとメモリ

本書で扱っている命令パイプラインをもう一度見てみよう（図5.1）．Fステージでは，1クロックで命令メモリからの命令語のフェッチが行われ，Eステージでは，同じく1クロックでデータメモリの読み書きが行われる．すなわち，このパイプラインが動作するために

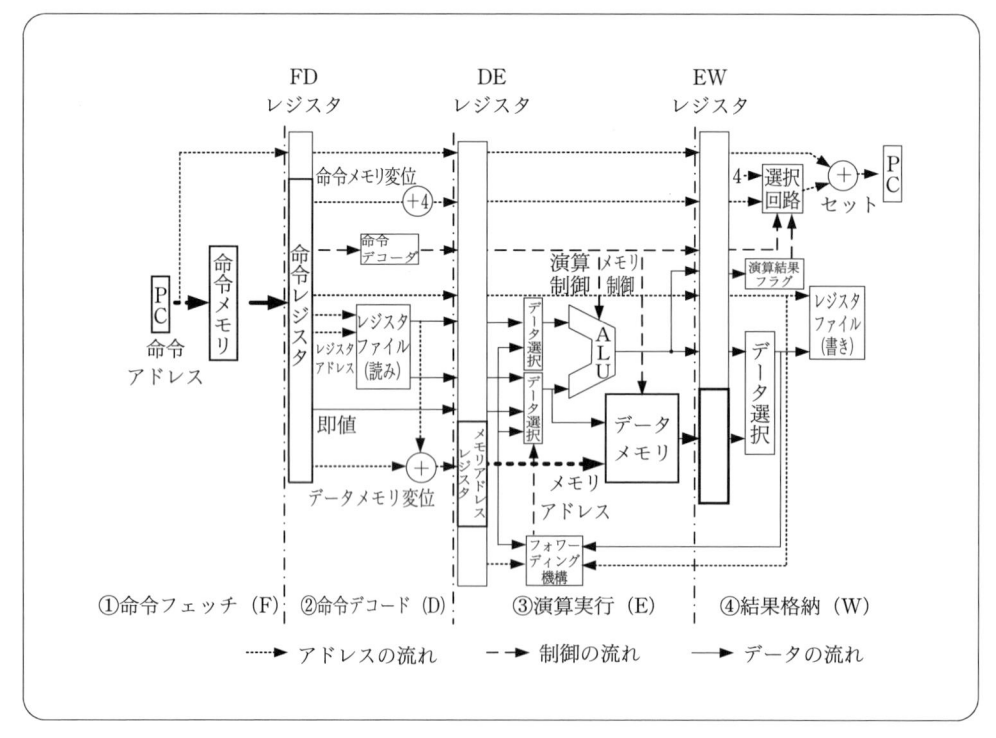

図5.1 命令パイプライン（太線はメモリ操作）

は，命令メモリの読出しとデータメモリの読み書きがともに1クロックで行われなければならない．

これは簡単なことではない．パイプラインの他の場所では，レジスタファイルの読出しやALUの計算が行われる．これらはメモリアクセスに比べてゲート遅延が小さいし，実装規模も小さいのですべて一つのLSIの中で実装される．それに比較して，メモリは実装規模が大きく，ALUなどとは別の（外部の）LSIとして実現され，デコーダなどの遅延も大きい．同じ1クロックで実装するには無理がある．

大きな容量をもちながらALUと同じ処理速度をもつメモリがあればこの問題は解決するが，これは現実には無理である．そこで，「低速大容量のメモリ」のよく使われる一部を「高速小容量のメモリ」にコピーしておき，ふだんは後者を主に使うことで，実質的に「高速大容量のメモリ」を実現する．この技術が記憶階層である．

5.1.2 記憶階層と局所性

低速大容量のメモリと高速小容量のメモリの組合せを図5.2に示す．

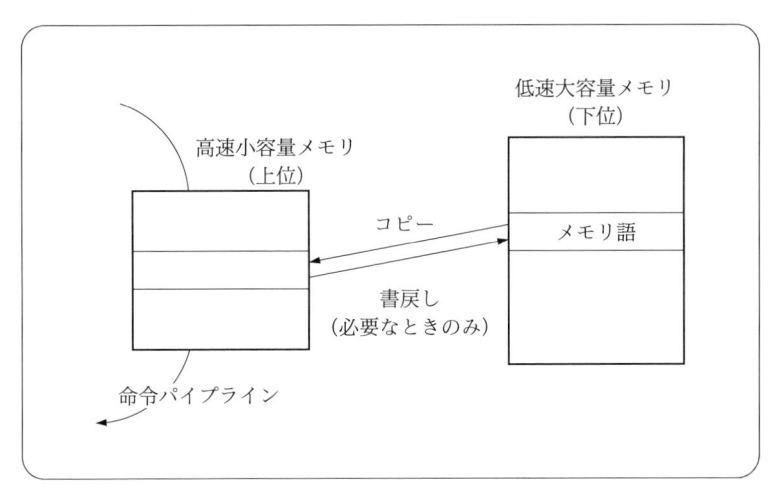

図5.2 最も単純なメモリ階層

上位の高速小容量のメモリには，よく使われる命令やデータがコピーされる．下位の低速大容量のメモリには，PCが指すことのできるすべての命令と，ロード命令やストア命令でアドレスづけされているすべてのデータが格納されている．

メモリ階層に意味があるのは，命令やデータに局所性（locality）があるからである．**局所性**とは，次ページの二つの性質をいう．

① **空間的局所性** あるメモリ語が参照されたときに，その語の近くの語が引き続き参照される性質
② **時間的局所性** あるメモリ語が参照されたとき，その語が時間をおかずに再び参照される性質

5.1.3 透過性

機械語のプログラムからメモリの階層はどう見えるだろうか？

各階層のメモリのそれぞれにアドレスを付け，コピーや書き戻しもロード/ストア命令で実現する，というのも一つの考え方である．しかし，この方法は，アセンブリ言語のプログラマが記憶階層を意識しなくてはならず，いつも最良のメモリの利用法を考えてプログラムをしなくてはならない．また，命令セットが同じでもメモリの階層構成が変化したり，各階層のメモリの大きさが変化したりするたびにプログラムを作り直さなければならない．

本来は，高速で大容量のメモリが一つだけあるものとして機械語のプログラムを書き，ハードウェアの機構でどの階層のメモリをどう使って局所性を活かすかを決めてやることが望ましい．コンピュータのメモリ階層は，実際このように作られる．単純に命令セットだけを意識して機械語プログラムを書いておけば，効率や安全性はハードウェアが勝手に面倒を見てくれる．この性質を**透過性**（transparency）と呼ぶ．透過性は，コンピュータアーキテクチャを設計するさいに極めて重要な性質であり，メモリ階層だけでなく，命令レベル並列処理（6章）の導入にあたっても考慮されるべき性質である．

5.2 キャッシュ

メモリ階層の最上位にキャッシュが置かれる．本節では，キャッシュのしくみについて学ぶ．

5.2.1 キャッシュとはなにか

キャッシュ（cache）は最上位の階層にあるメモリである．図5.2の「高速小容量メモリ」がこれにあたる．キャッシュは，命令パイプラインの動作速度でデータの読み書きができなければならない．図5.3にキャッシュの動作を示す．

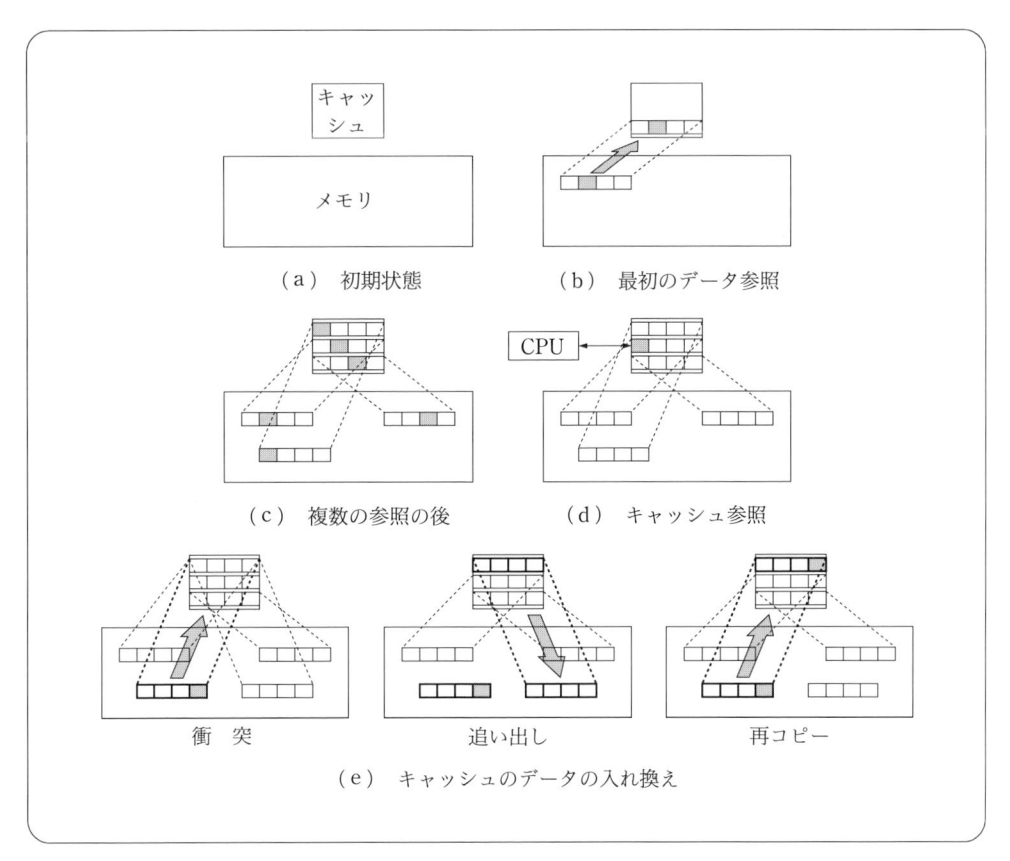

（a）初期状態　　（b）最初のデータ参照

（c）複数の参照の後　　（d）キャッシュ参照

衝　突　　　　追い出し　　　　再コピー

（e）キャッシュのデータの入れ換え

図5.3　キャッシュの動作

① 最初，キャッシュには何も入っていない（図(a)）．

② 最初のデータが参照されると，キャッシュにそのデータが入れられる．空間的局所性を考えて，データは1語ではなく，まとまった数語の単位で出し入れされる（図(b)）．

③ 引き続きデータが参照されると，次々にキャッシュにそのデータが入れられる（図(c)）．

④ メモリの参照時にはまずキャッシュが参照され，ここにデータがあればこれが読み書きされる（図(d)）．

⑤ キャッシュにデータが入らなくなると（図(e)，衝突），古いデータがキャッシュか

ら追い出され（追い出し），必要に応じてメモリに書き戻され，新しいデータがキャッシュに入れられる（再コピー）．

ここで，キャッシュデータの管理の単位を**キャッシュライン**（cache line）または**キャッシュブロック**（cache block）と呼ぶ．キャッシュラインは一般に数語から数十語の大きさである．本書ではラインと呼べばキャッシュラインを表すこととする．

5.2.2 ライトスルーとライトバック

求めるメモリ語がキャッシュにコピーされている場合，その読出しには本体のメモリの操作は必要ない．一方，書込みにあたっては，本体のメモリに書き戻す必要がある．この書戻しのタイミングによって，ライトスルー（write through）方式とライトバック（write back）方式に分類される．

図 5.4 に両者の方式を示す．図から分かるように，**ライトスルー方式**は，ストア命令がくるたびにキャッシュだけでなくメモリにもデータ語を書き戻し，これが完了してから次の命令の実行を開始する．一方，**ライトバック方式**は，ストア命令がきてもキャッシュへの書込みだけを行い，メモリに直接データ語を書き込むことはしない．キャッシュから追い出されるときに，はじめてメモリにキャッシュライン全体が書き込まれる．

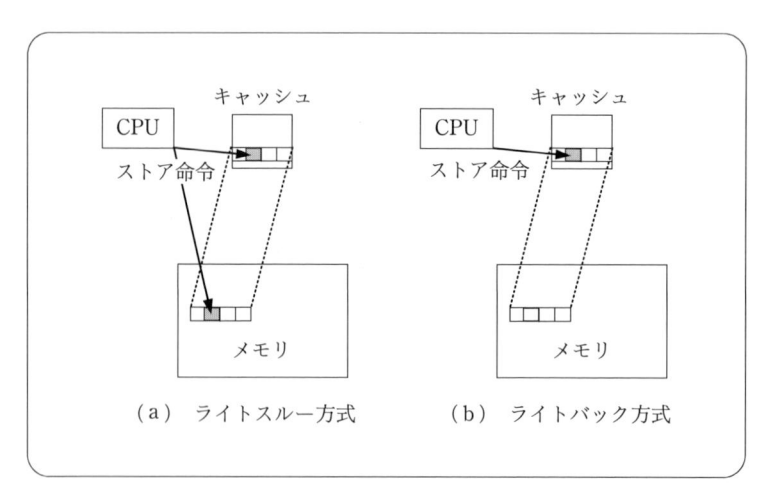

図 5.4 ライトスルー方式とライトバック方式

キャッシュに対象とするデータ語がないとき，ライトスルー方式では，ライト命令に対してキャッシュにデータをコピーする必要はないが，ライトバック方式ではコピーの必要が生じる．

ライトスルー方式は，キャッシュから追い出されるときのメモリへの書戻しが不要とな

る．このことは，新たにキャッシュラインをメモリから読み出すときのコストが低いことを意味する．一方で，ストア命令を実行するたびにメモリにアクセスする必要が生じてしまう．メモリはキャッシュの10倍以上遅いのがふつうなので，単純にこれを実装すると実行効率を落とすことになる．この問題は，**ライトバッファ**（write buffer）と呼ばれる高速のメモリを別途設けることで解決するのが一般的である．

ライトバック方式では，ストア命令の実行が高速に行える．また，一つのキャッシュライン上のデータ語を複数回書き込んでも，メモリに書き込むときには一度だけのライトで済む．ただし，キャッシュから追い出されるときにメモリにアクセスする必要が生じるため，追い出しが頻繁に起こる場合にはこれがボトルネックとなる．

表5.1に二つの方式の特徴をまとめる．

表5.1 ライトスルー方式とライトバック方式

項 目	ライトスルー方式	ライトバック方式
メモリアクセス	ストア命令の実行時	キャッシュライン追出しのとき
ライト命令の実行速度	ライトバッファの速度	キャッシュの速度
キャッシュライン書戻し	不 要	キャッシュライン追出しのとき
実 装	単 純	複 雑

5.2.3 ダイレクトマップ形キャッシュの機構と動作

本項では，最も基本的なキャッシュであるダイレクトマップ形キャッシュ（direct mapping cache）の機構と動作について学ぶ．ここではライトバック方式のキャッシュを扱う．

図5.5にダイレクトマップ形キャッシュの構成・動作例を示す．図ではメモリアドレスは32ビット，キャッシュの大きさは32キロバイト，キャッシュラインの大きさは4語（16バイト）としている．

キャッシュでは，メモリアドレスの一部がキャッシュラインの位置を指定するために使われる．これを**インデックス**（index）という．ダイレクトマップ形キャッシュでは，あるインデックスに対して一意にラインのキャッシュ上の位置が決まる．キャッシュ上の位置が特定されても，ここにあるキャッシュラインが求めるものかどうかは，メモリアドレス全体が求めるものかどうかによって決まってくる．このため，キャッシュの中には，ラインの格納場所ごとにアドレスビットの残りの部分が蓄えられる．これが**タグ**（tag）である．

キャッシュの動作を次に示そう．

〔1〕**読出しの動作**　　読出しは，図(a)のように，対象が命令であればPCによって命令が参照されるたびに，データであればロード命令が発行されるたびに起こる．

76　5．キャッシュと仮想記憶

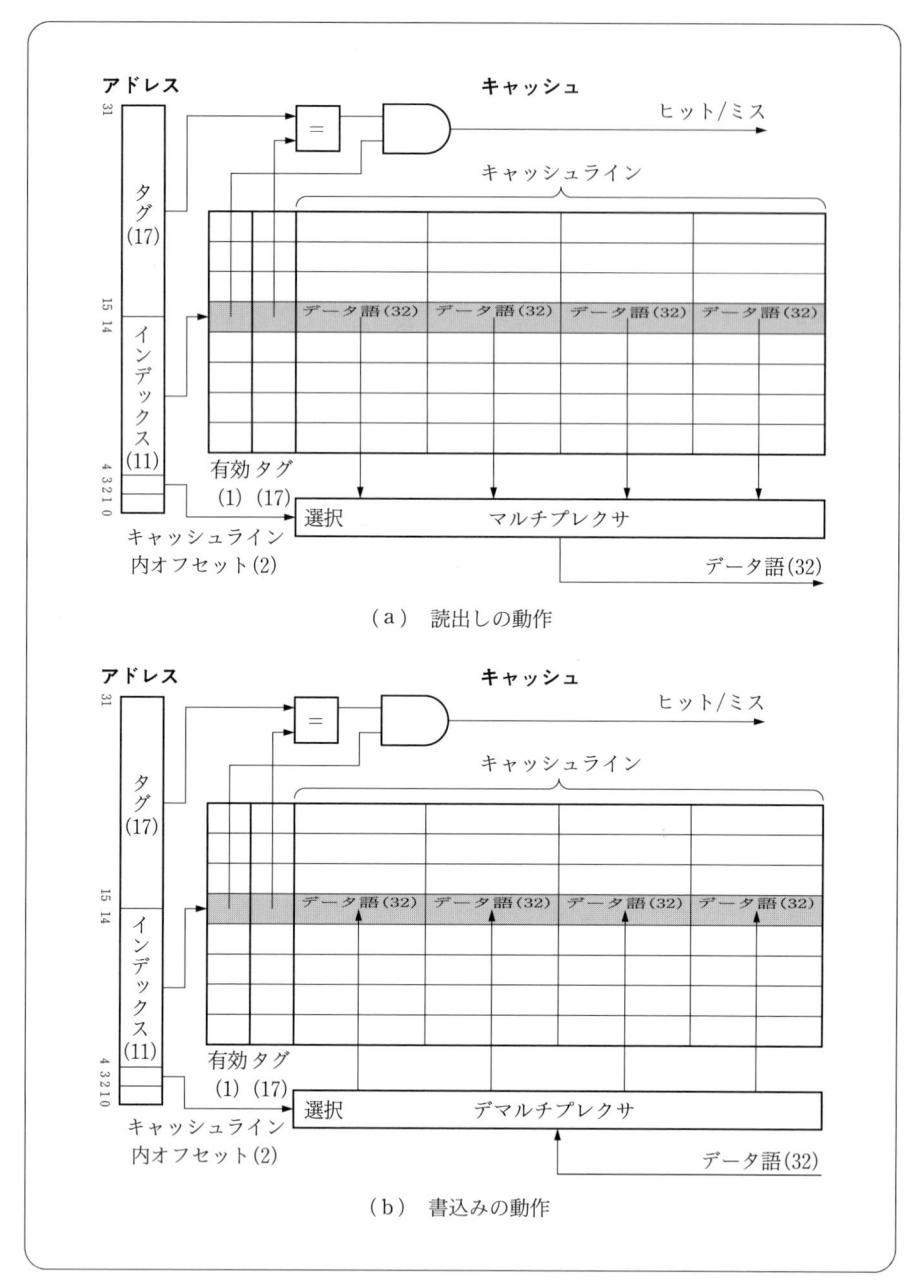

図 5.5　ダイレクトマップ形キャッシュ

① インデックスによってキャッシュラインとタグを読み出す．
② メモリアドレス内のタグと①のタグの照合を取る．
③ タグが等しければ，読み出したキャッシュラインからメモリ語を選択する．メモリ語は，メモリアドレス内の「ライン内オフセット」（この場合は2ビット）を用いて選択する．

この値を読み出して終了する．

④　タグが等しくない場合，**キャッシュミス**（cache miss）が起こったという．キャッシュミスが起こったときは，アクセスしているキャッシュラインを，タグとインデックスの値を見てメモリに書き戻し，代わりに求めるキャッシュラインをここに読み出す．このキャッシュラインの中から「ライン内オフセット」を用いて，求めるメモリ語を読み出す．

〔2〕 **書込みの動作**　　書込みは，図(b)のように，対象がデータのとき，ストア命令が発行されるたびに起こる．

①　インデックスによってタグを読み出す．
②　メモリアドレス内のタグと①のタグの照合を取る．
③　タグが等しければ，このキャッシュラインのある場所で，メモリ語の入る場所を選択して書き込む．選択は，メモリアドレス内の「ライン内オフセット」（この場合は2ビット）を用いる．
④　タグが等しくない場合は，キャッシュミスである．このときは，まず，いま入っているキャッシュラインをメモリに書き戻す．次に，求めるキャッシュラインを，タグとインデックスの値を見てメモリからここに読み出す．「ライン内オフセット」を用いてこのキャッシュラインの中のメモリ語の入る場所を選び，書き込む．

5.2.4　キャッシュミス

5.2.3項で，読み書きの対象となるラインがキャッシュにないときに，キャッシュミスが起こることを述べた．

キャッシュミスには，5.Aに述べる3種類がある．

5.A　3種類のキャッシュミス

①　**初期参照ミス**（compulsory miss, cold start miss）　　キャッシュラインを最初にアクセスすることで起こるミス
②　**競合性ミス**（conflict miss, collision miss）　　同じインデックスをもつ異なるキャッシュラインにアクセスすることで起こるミス
③　**容量性ミス**（capacity miss）　　キャッシュしたいライン数がキャッシュ容量を上回ることで起こるミス

3種類のキャッシュミスは，英語ではすべてcで始まることから，**三つのC**と呼ばれることもある．

キャッシュミスが起こると，CPUでの演算の実行を一時止め，メモリとキャッシュの間でラインの交換をしてから実行を再開する．これについては，5.2.6項で再び触れる．

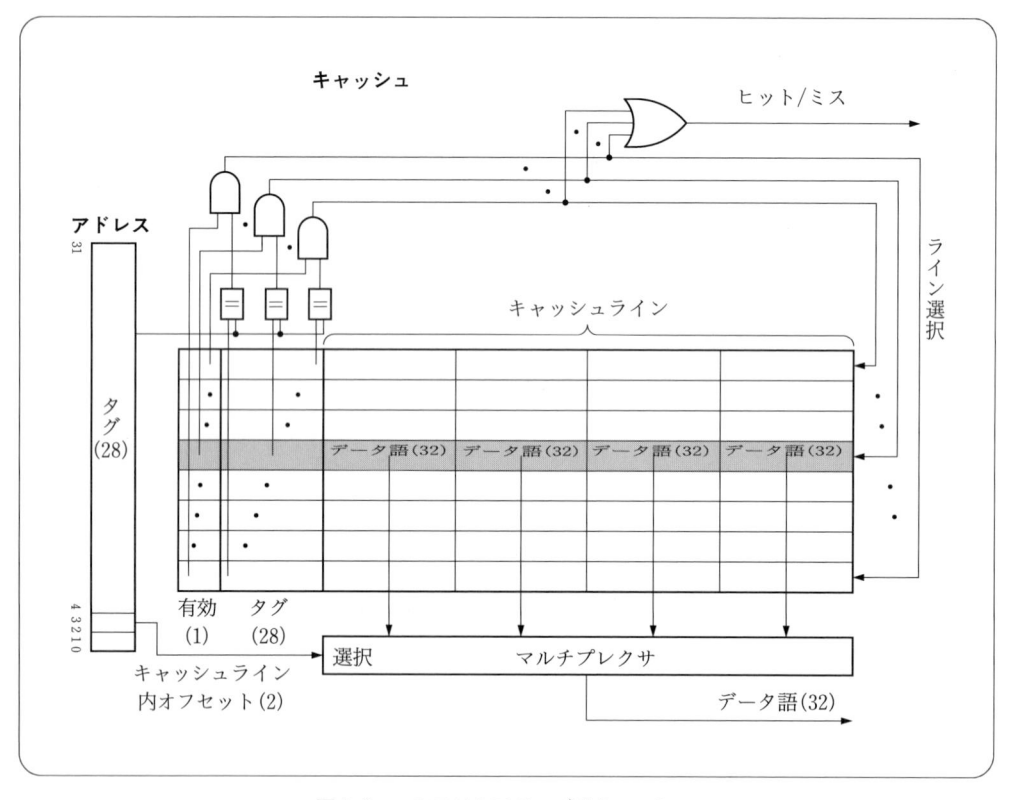

5.2.5 フルアソシアティブ形キャッシュとセットアソシアティブ形キャッシュ

5.2.3項で述べたダイレクトマップ形キャッシュは，動作が単純で回路も簡単に作ることができる反面で，競合性ミスが多発する問題点がある．同じインデックスをもつ複数の語にアクセスすると必ず競合性ミスが起こるので，キャッシュミス率（cache miss rate）が高くなってしまうのである．

この問題を解決するには，インデックスによってキャッシュラインの置かれる位置を特定することをやめて，キャッシュの任意の場所に任意のラインが置かれるような構成を考えてやればよい．これが**フルアソシアティブ形キャッシュ**である．図5.6にフルアソシアティブ形キャッシュを示す．

図5.6 フルアソシアティブ形キャッシュ

フルアソシアティブ形キャッシュには，インデックスは存在せず，参照されるごとにすべてのキャッシュラインのタグがメモリアドレス内のタグと比較される．どれか一つのタグが等しければヒットであり，対応するラインの語が読み書きされる．どれも等しくないときは，キャッシュのあいている任意の場所にメモリからキャッシュラインが読み込まれ，その

上で読み書きが行われる．

フルアソシアティブ形キャッシュは，競合性ミスがなくなる利点があるが，キャッシュ上のタグの容量が大きくなり，タグ比較などの回路が膨大になってしまう．また，ゲート遅延が大きくなり，パイプライン動作時のクロックの長さを伸ばしてしまう可能性が大きい．フルアソシアティブ形キャッシュは，小規模のキャッシュに用いられることが多い．

ダイレクトマップ形とフルアソシアティブ形の間にあるものとして，**セットアソシアティブ形キャッシュ**が考案され，広く使われている．図 5.7 にその構成例を示す．

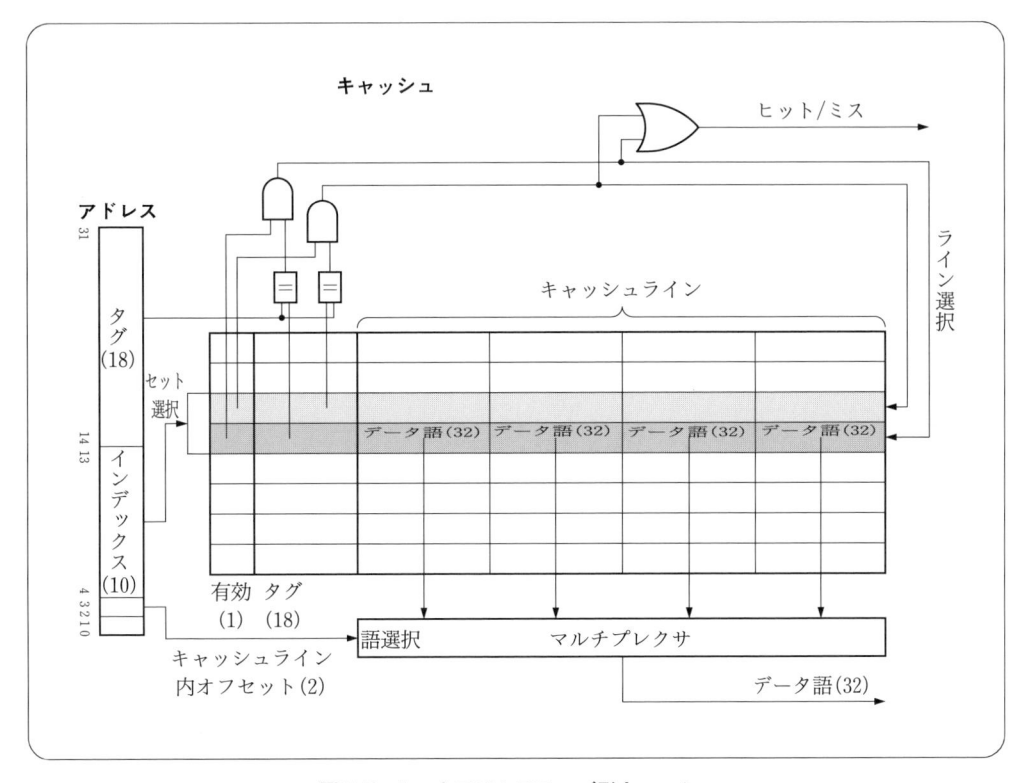

図 5.7　セットアソシアティブ形キャッシュ

セットアソシアティブ形キャッシュは，ダイレクトマップ形キャッシュでインデックスの指す先に複数のキャッシュラインを格納するものである．

一つのインデックスに対応するキャッシュラインの集合を**セット**（set）と呼ぶ．セットの大きさを A とするとき，A を**連想度**（associativity）といい，このキャッシュを A **ウェイ**（way）**のセットアソシアティブ形キャッシュ**と呼ぶ．図 5.7 は 2 ウェイのセットアソシアティブ形キャッシュである．

セットアソシアティブ形キャッシュで，キャッシュの中のライン数を L，セット数を S，連想度を A とすると，次式が成り立つ．

$$L = S \times A \tag{5.1}$$

ダイレクトマップ形キャッシュは式(5.1)で $A = 1$ としたもの，フルアソシアティブ形キャッシュは，同式で $S = 1$ としたものと考えることができる．

セットアソシアティブ形キャッシュは，フルアソシアティブ形キャッシュと比較して，タグ比較などの回路が小さくてすみ，ゲート遅延も小さい．また，ダイレクトマップ形キャッシュと比較して競合性ミスが少なくなる利点がある．この理由から，2 ウェイ，4 ウェイのセットアソシアティブキャッシュは，実際に広く使われている．

表 5.2 に三つの形のキャッシュについてまとめておく．

表 5.2 キャッシュの三つの形

項 目	ダイレクトマップ	セットアソシアティブ	フルアソシアティブ
連想度	1	A（2, 4 など）	＝ライン数
セット数	＝ライン数	S	1
ハードウェア	◎	○	×
ゲート遅延	◎	○	×
競合性ミス	×	○	◎

フルアソシアティブキャッシュではキャッシュが一杯になっているとき，セットアソシアティブキャッシュでは該当するセットが一杯になっているとき，キャッシュラインを一つ追い出してやる必要が生じる．この場合，追い出されるラインをランダムに選ぶか，使われていない時間が最も長い（least recent used, LRU）ラインを追出しの対象とする．

5.2.6 キャッシュの入った CPU

命令用のキャッシュとデータ用のキャッシュはふつう別々に設ける．前者を**命令キャッシュ**（instruction cache），後者を**データキャッシュ**（data cache）と呼ぶ．別々にする理由は，パイプライン動作時に命令フェッチとデータのロード-ストアの間でキャッシュアクセスの競合を起こさないためである．

データキャッシュは読出しと書込みの両方を行うが，命令キャッシュはふつう書込みを行わない．したがって，書戻しの機構が不要となる．

キャッシュの入った CPU の構成を図 5.8 に示す．これまで**メモリ**と呼んできたものを，これからは**主記憶**（メインメモリ，main memory）と呼ぶことにする．命令キャッシュやデータキャッシュと主記憶の間には，更に二次キャッシュが（場合によっては三次キャッシュも）入ることがある．キャッシュは，下位の階層になるほど容量が大きくなり，アクセス

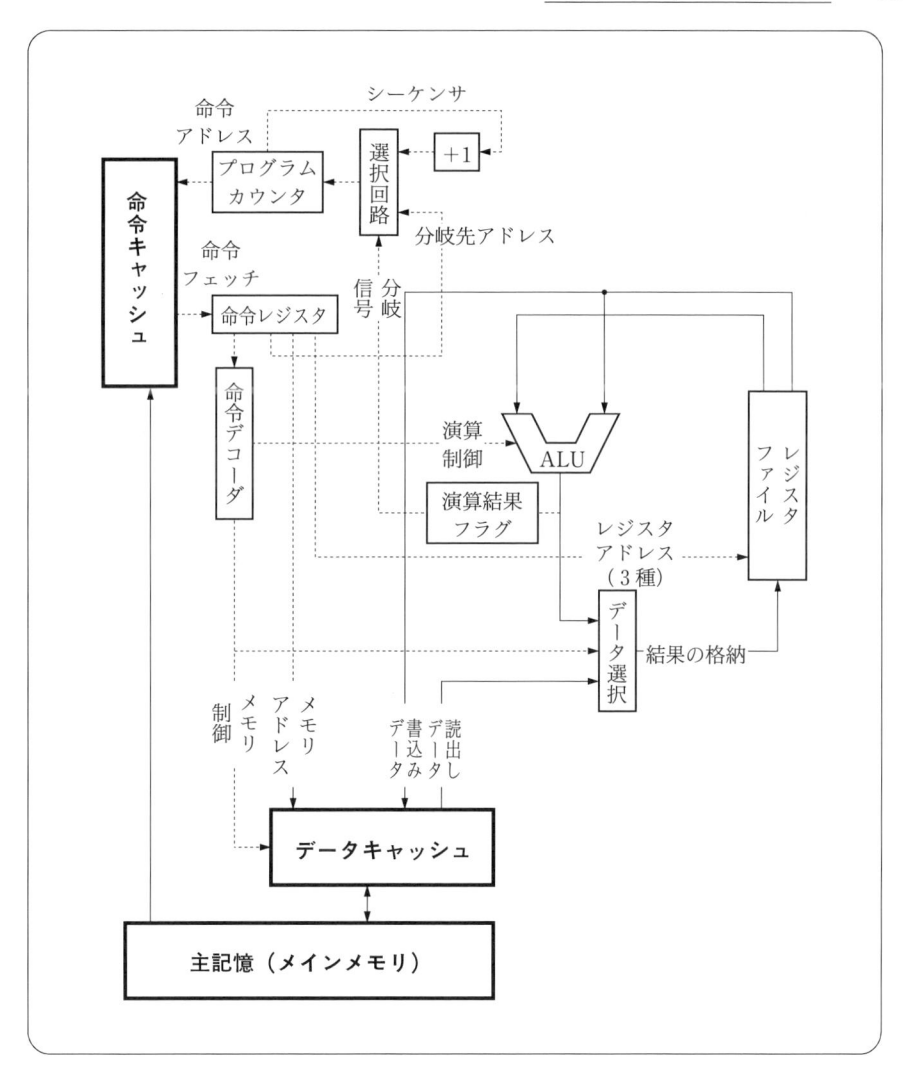

図5.8　キャッシュの入ったCPU

速度が遅くなるのが一般的である．

　キャッシュの入ったパイプラインの構成を図5.9に示す．パイプラインの動作は，キャッシュがヒットしている限りは4章で述べたものと同じである．この場合，キャッシュミスが起こったときは，パイプライン全体を止め，必要に応じてラインをキャッシュからメモリに書き戻し，メモリから必要なラインをキャッシュに読み込んだあと，パイプラインの実行を再開する．

82   5. キャッシュと仮想記憶

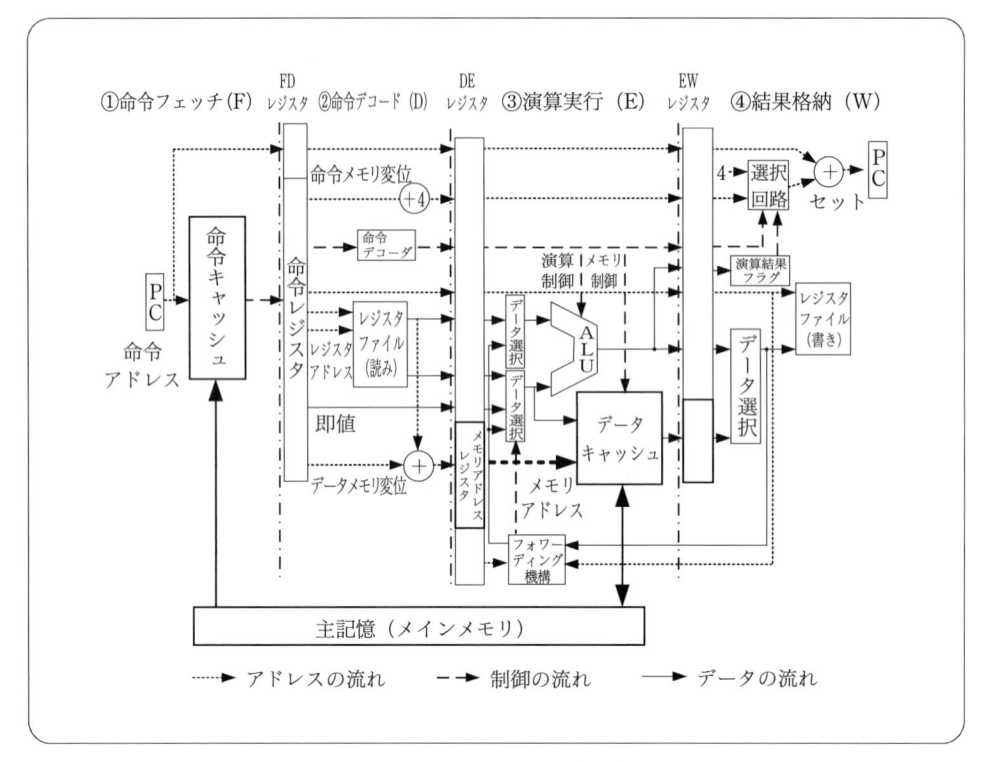

図 5.9 キャッシュの入ったパイプライン

5.2.7 キャッシュの性能

簡単な式によってキャッシュの性能を考えてみよう．あるプログラムの実行時間を T_p，そのうち CPU が働いている時間を T_{cpu}，メモリストールによって CPU が動作していない時間を T_{mstall} とすると，次式が成り立つ．

$$T_p = T_{cpu} + T_{mstall} \tag{5.2}$$

メモリストールはすべてキャッシュミスによって起こるとし，CPU のクロック速度を C 〔Hz〕，プログラムで実行される命令の数を N，そのうちのロード/ストア命令割合を r_{ls}，ロード/ストア命令ごとのキャッシュミス率を r_{miss}，1回のミスによるストール時間（ミスペナルティ，miss penalty）を t_{mstall} とすると，式(5.2)は次式のように書き直される．

$$T_p = N \frac{1 + r_{is} \cdot r_{miss} \cdot t_{mstall}}{C} \tag{5.3}$$

ただし，ここでは，理想的なスループットを1命令/クロックとしている．

キャッシュミス率は，キャッシュの構成（容量，連想度など）とプログラムの性質によって決まり，ミスペナルティは主記憶の動作速度によって決まる．

例題 5.1 全命令中でロード/ストア命令の占める割合が30％であるとする．キャッシュミス率とミスペナルティが**表 5.3**の値であったときに，キャッシュミス0の場合に比較してどれぐらい性能が落ちるかを議論せよ．

表 5.3 キャッシュミス率とミスペナルティの例

事 例	ミス率	ミスペナルティ	実行時間相対値
事例1	0	──	1
事例2	0.05	10	──
事例3	0.05	50	──
事例4	0.5	10	──
事例5	0.5	50	──

解答 式(5.3)で，$(1 + r_{ls} \cdot r_{miss} \cdot t_{mstall})$ を計算すればよい．事例2についてこの値は

$$1 + 0.3 \times 0.05 \times 10 = 1.15$$

となって，15％の実行時間の増大があることになる．以下同様にして求めて**表 5.4**を得る．

表 5.4を見れば，ミス率を低く，ペナルティを小さくすることがキャッシュを作るときに極めて重要な設計指針であることがわかるだろう．CPUがいくら速くても，この二つが大きければ性能は出ない．一般に，CPU動作速度が向上するほどには主記憶の動作速度は向上しないから，ミスペナルティは相対的に大きくなる傾向にある．

表 5.4 キャッシュミス率とミスペナルティの例

事 例	ミス率	ミスペナルティ	実行時間相対値
事例1	0	──	1
事例2	0.05	10	1.15
事例3	0.05	50	1.75
事例4	0.5	10	2.5
事例5	0.5	50	8.5

5.3 仮想記憶

ここでは，主記憶以下の階層化である仮想記憶（virtual memory）について学ぶ．仮想記憶の導入によって，①主記憶よりも大きな容量のメモリがあるものとしてプログラムが書けるようになり，②複数のプログラムが一つの物理記憶を安全に分かちあって使えるようになる．仮想記憶では，ページと呼ばれる単位でデータがやりとりされ

る．仮想記憶は，ページテーブルを用いて実現される．主記憶内に求めるページがない場合は，二次記憶装置から物理ページがコピーされる．アドレス変換の高速化のために，TLB（translation lookaside buffer）が使われる．

5.3.1 仮想記憶とはなにか

キャッシュは，主記憶を見かけ上高速化するものであった．仮想記憶は，主記憶の容量を，命令語に入っているアドレスの許すかぎりの大きさに見せるものである．

仮想記憶の原理は，5.B の二つの機能で表される．

5.B 仮想記憶の原理
仮想アドレス（virtual address）⇒ 物理アドレス（physical address）　　［変換］
二次記憶のデータ ⇔ 主記憶のデータ　　　　　　　　　　　　　　　［コピー，スワップ］

キャッシュの場合と同じく，これらの機能は，ユーザの機械語プログラムからは見えないように実現される．すなわち，仮想記憶は，主記憶と二次記憶（ハードディスクなど）のメモリ階層を，「巨大な主記憶」として使えるように透過性を持たせたもの，といえる．

仮想記憶の導入によって，①主記憶よりも大きな容量のメモリがあるものとしてプログラムが書けるようになり，②複数のプログラムが一つの物理記憶を安全に分かちあって使えるようになる．

5.3.2 仮想記憶の構成

キャッシュがキャッシュラインを単位としていたように，仮想記憶はページ（page）をデータ移動の単位とする．ページの大きさは，ふつう数キロバイトから 16 メガバイト程度であり，キャッシュラインの大きさと比較して 1 桁以上大きい．

仮想記憶の実現のためには，アドレス変換とページスワップの機構を作ってやればいい．

ページのコピーやスワップは，ディスクのアクセスを伴うため，たいへんな時間がかかる．したがって，できるだけ発生件数を減らしたい．この目的のため，仮想記憶は，フルアソシアティブ形を用いる．また，書込みはライトバック方式となる．ライトスルー方式では主記憶の書込みのたびにディスクアクセスを起こして効率が悪いからである．

フルアソシアティブ形を採用したからといって，キャッシュ上でやったような全エントリのタグ比較による連想処理は主記憶上ではむずかしい．そこで，**ページテーブル**（page table）と呼ばれる表を主記憶上に用意し，これを引くことで物理アドレスを求める．

図5.10にページテーブルによるアドレス変換の仕組みを示す．

仮想アドレスは，仮想ページアドレスとページ内オフセットからなる．ページ内オフセットは，仮想アドレスと物理アドレスで共通である．

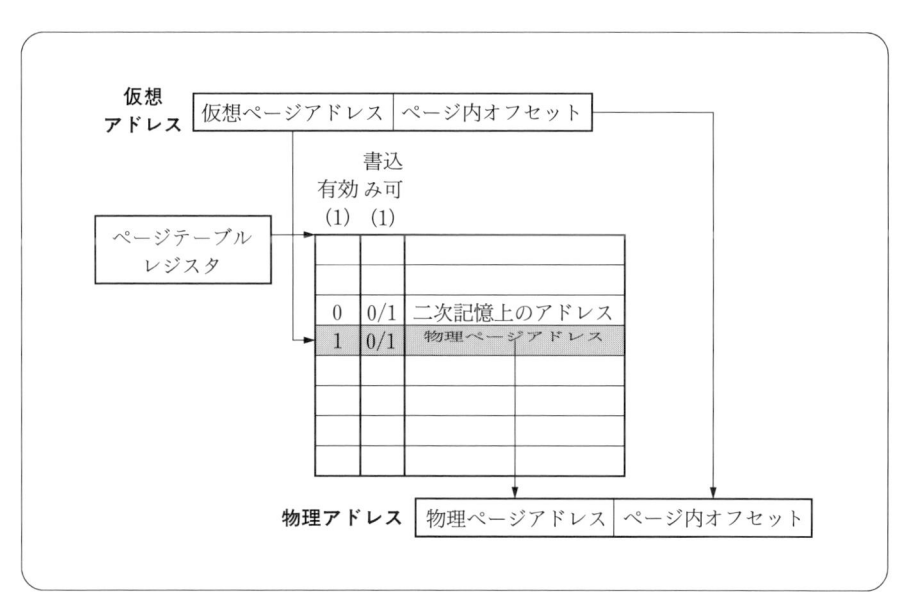

図5.10 ページテーブルによるアドレス変換

ページテーブルの先頭は，ページテーブルレジスタ（page table register）と呼ばれるアドレスレジスタによって指されている．この値は，プログラムごとに決まる値である．テーブルのインデクスは，仮想ページアドレスで与えられる．

ページテーブルの各エントリには，有効ビット（valid bit），書込み可能ビット（write enable bit）などの制御用フラグビットと，物理ページアドレス（または二次記憶上のアドレス）が格納されている．有効ビットが1のとき，このエントリの物理ページアドレスが有効となり，これとページ内オフセットを組み合わせて物理アドレスが求められる．

ページテーブルは，一般に主記憶上の連続した領域に取られるが，この領域はユーザプログラムによって書き換えられることはない．

5.3.3 ページフォールト

ページテーブルを引いたとき，有効ビットが0ならば，このページは主記憶の中に入っていないことになる．この状態を**ページフォールト**（page fault）と呼ぶ．ページフォールトが起こった場合，CPUの処理を一時中断し，テーブルのエントリに入っている二次記憶上のアドレスから主記憶の空いている場所にページをコピーし，ページテーブルのエントリに

物理ページアドレスを書き込み，有効ビットを1にする．その際に，主記憶に空いた場所がなければ，どれか一つのページを二次記憶上に追い出して，空いた場所に必要とされるページを読み込むことになる．

さきにも述べたように，この作業は二次記憶装置のアクセスを伴うために時間がかかる．この作業はハードウェアだけで高速に行う必要はない．実際には，ページフォールトが起こると例外（7章参照）が発生し，処理がOS（operating system）に移される．OSは特権的な命令を用いてページテーブル，主記憶，二次記憶の書き換えを行う．

5.3.4　TLB

仮想アドレスから物理アドレスを生成するときには，ページテーブルという巨大な表を引くことになり，それ自体が主記憶のアクセスを伴う．これではメモリの読み書きに時間がかかりすぎ，パイプラインをまともに動かすことができない．

そこで，ページテーブル専用のキャッシュを設けて，アドレス変換をここで行うことにする．この専用キャッシュが**TLB**（translation lookaside buffer）である．

TLBの構成を図5.11に示す†．TLBはフルアソシアティブのキャッシュであり，タグの

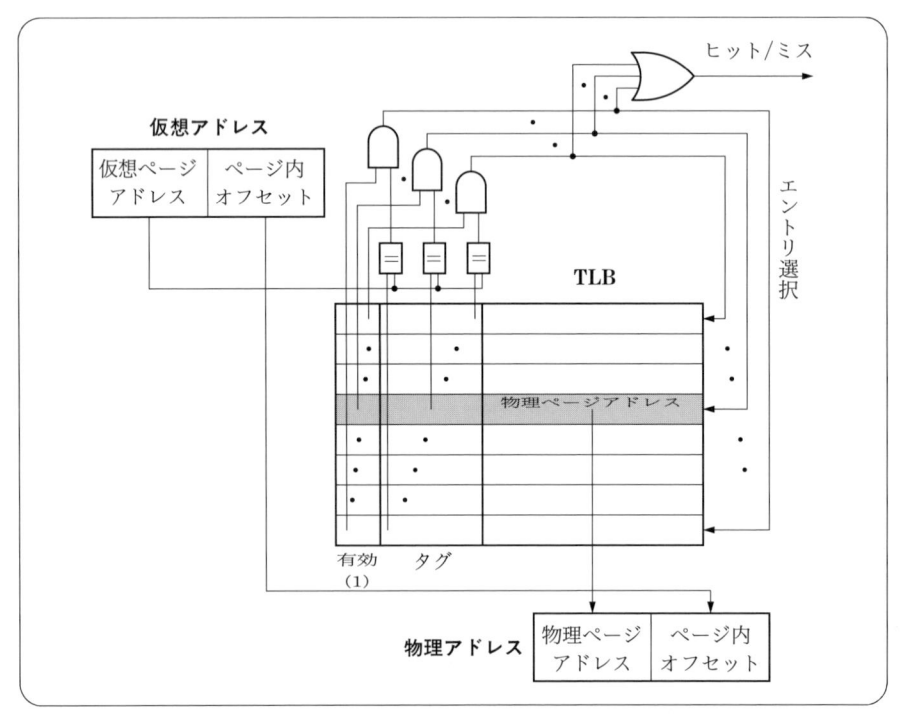

図5.11　TLB

---

† 実際には，これ以外にページの更新の有無を表すダーティービットが各エントリに付与される．

大きさは仮想ページアドレスの大きさとなる．

TLBの動作を次に示す．

① メモリアクセスが起こると，仮想ページアドレスをタグとして，TLBが参照される．

② TLBがヒットすると，該当する物理ページアドレスが取り出され，ページ内オフセットとあわせて物理アドレスが作られる．

③ TLBがミスすると，5.3.2項で述べたやりかたで，ページテーブルが参照され，TLBの空いているエントリに，現在参照している仮想ページアドレスに対応する物理ページアドレスが入れられる．TLBが空いていない場合は，LRU（5.2.5項参照）などのやりかたでエントリが一つ空けられる．

仮想アドレスから物理アドレスを求めるときには，TLBミス，ページフォルトの二つの例外が発生する可能性がある．前者の場合は，TLBのエントリを一つ空けてページテーブルからここに対象とする物理ページアドレスを書き込む．後者の場合は，主記憶上に物理ページを確保し，二次記憶からページを読み出し，ページテーブルを更新し，更にTLBのエントリを一つ空けてここに対象とする物理ページアドレスを入れる，という長い作業が必要になる．TLBは命令用とデータ用の2種類をもつのがふつうである．

5.4 メモリアクセス機構

本節では，仮想記憶とキャッシュの両方が入ったメモリ参照の機構についてまとめる．キャッシュアクセスとTLB参照とは並列化して行われ，語の読み書きの時間が短縮される．キャッシュとTLBのアクセス時間を短くし，キャッシュミス，TLBミス，ページフォルトが起こる率をできるだけ低く抑えることが設計上重要となる．

5.4.1 キャッシュと仮想記憶

5.2節ではキャッシュの機構について，5.3節では仮想記憶の実現法について学んだ．コンピュータでは，両者が組み合わせて使われている．

その組合せ方には，大きく分けて図5.12の3種類が考えられる．

〔1〕 **直列形物理アドレスキャッシュ**　最初にTLBを用いて物理アドレスを生成した

88   5. キャッシュと仮想記憶

```
(a) 直列形物理アドレスキャッシュ
  仮想ページアドレス → TLB → 物理ページアドレス
  ページ内オフセット ─────────────→ ページ内オフセット
  → キャッシュ → メモリ語

(b) 並列形物理アドレスキャッシュ
  仮想ページアドレス → TLB → 物理ページアドレス
  ページ内オフセット → キャッシュ → メモリ語
  物理ページアドレス と キャッシュのタグ → 照合

(c) 仮想アドレスキャッシュ
  仮想ページアドレス → TLB → 物理ページアドレス（エイリアスの検出）
  仮想アドレス → キャッシュ → メモリ語
```

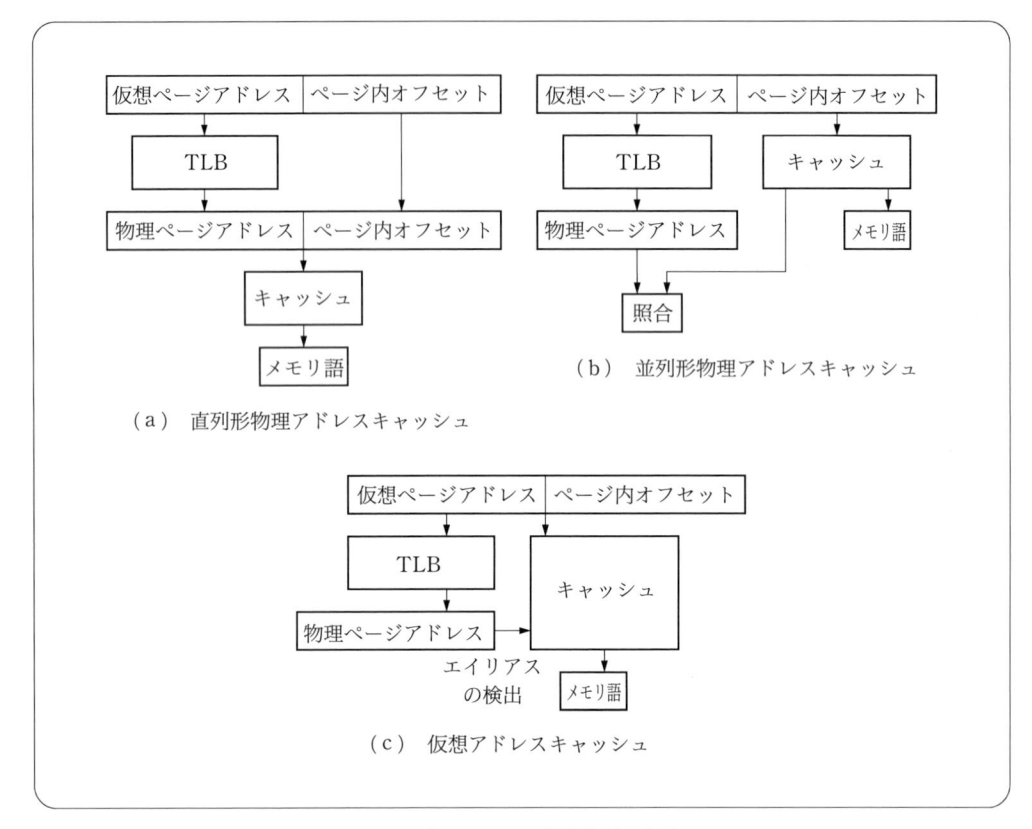

図5.12　キャッシュと仮想記憶の組合せ

のち，これを用いてキャッシュをアクセスする．メモリ語にアクセスするまでに時間がかかるが，キャッシュサイズやアドレスに制約がなく，後述のエイリアスの問題もない．

〔2〕 **並列形物理アドレスキャッシュ**　TLBを用いて物理アドレスを生成すると同時に，ページ内オフセットを用いてキャッシュをアクセスする．TLBから読まれた物理アドレスとキャッシュから読まれたタグが照合されて，等しければキャッシュラインが求めるものとなる．語のアクセスまでの時間が短く，エイリアス（alias）の問題も発生しないが，キャッシュインデクスがページ内オフセットの大きさで決まってしまうため，キャッシュサイズが限定されてしまう．

〔3〕 **仮想アドレスキャッシュ**　TLBを用いて物理アドレスを生成すると同時に，仮想アドレスを用いてキャッシュをアクセスする．語のアクセスまでの時間が短く，キャッシュサイズも限定されないが，エイリアスの問題が発生する．

エイリアスとは，二つの仮想アドレスが一つの物理アドレスを指すことである．このとき，片方の仮想アドレスによる更新がもう片方の仮想アドレスの利用者に伝わらない問題が生じる．二つのプログラムが共通のページをもつ場合，エイリアスが生じる可能性がある．

このため，仮想アドレスキャッシュでは，TLB で物理ページアドレスを生成したのちに，これに対応する仮想アドレスを逆引きするなどの処理が必要になる．キャッシュサイズに問題がなければ，並列形物理アドレスキャッシュを用いるのがよいと考えられている．

5.4.2 メモリアクセス機構

キャッシュと仮想記憶の入ったメモリアクセス機構を，図 5.13 に示す．ここでは，2 ウ

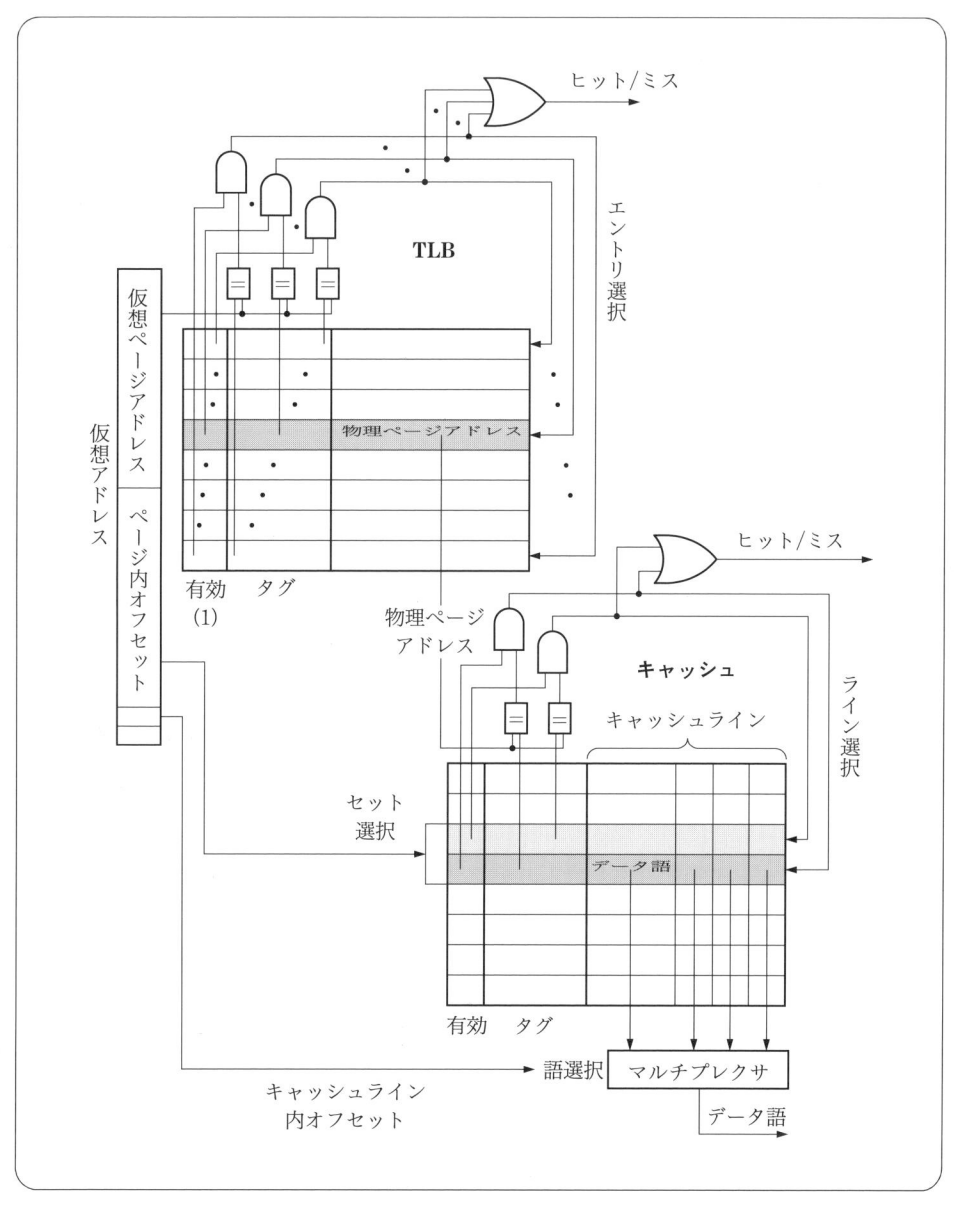

図 5.13 キャッシュと仮想記憶の入ったメモリアクセス機構

ェイのセットアソシアティブ形（5.2.5項）の並列型物理アドレスキャッシュ（5.4.1項）が用いられている．

　図5.13は，図5.7と図5.11の組合せである．ページ内オフセットをキャッシュのインデクスとして用いることで，TLBアクセスとキャッシュアクセスが並列化されている点に注目されたい．

　図5.13で，TLBミス，キャッシュミスが起こらなければ，CPUのパイプラインはストールせずに処理が進められる．TLBミスが起こった場合は，ページテーブルからの書込み時間が（ページフォールトが起これこばページの読み込みとページテーブルの更新も含めた時間が），キャッシュミスが起これこばキャッシュラインのスワップ時間が，ペナルティとして課せられる．

☕ 談 話 室 ☕

透過性と互換性　　キャッシュも仮想記憶も，命令セットには何の影響も与えない．すなわち，キャッシュや仮想記憶の存在によって，アセンブラプログラムは何も影響を受けない．これは，「プログラマはCPUの命令セットだけを意識すればよく，実装の詳細に影響されるべきではない」という考え方にもとづいている．この考え方を「**透過性の保持**」と呼ぶことは，5.1.3項で述べた．機械語でプログラムを書くことがめったにない現在でも，メモリやディスクを増設するたびにプログラムを再コンパイルするのは面倒だし，コンパイラに負荷をかけることになる．また，多くのアプリケーションプログラムは機械語プログラムの形で与えられており，その動作は命令セットだけで保証されるべきである．このように透過性は重要な性質である．

　透過性と似た性質に**互換性**（compatibility）がある．互換性とは，異なるコンピュータ間でプログラムが同じ動作をすることをいう．CPUの標準化の進んだ現在では，互換性は非常に高いレベルで保たれている．互換性は，同時代のコンピュータ間（シリーズの上位・下位の間や異なるメーカの商品の間）で保ちたい性質であり，また，世代の異なるコンピュータ間でも保たれるのが望ましい性質である．後者は，過去のプログラムが最新のコンピュータで動作することを保証する．CPUチップの設計者は，高性能化・高信頼化・低消費電力化とともに，過去のCPUとの互換性を保とうと大きな努力を払っている．

本章のまとめ

❶ **記憶階層**　　高速小容量のメモリと低速大容量のメモリを組み合わせて，見かけ上高速大容量のメモリを実現する技術

❷ **記憶階層の根拠**　　メモリ語の参照には，時間的局所性と空間的局所性がある．これらを利用して，よく使うデータを上位階層のメモリに入れることで，効率的なメモリシステムが作られる．

❸ **透過性**　　機械語プログラムの変更なく効率や安全性を高めるという性質．キャッシュや仮想記憶は透過性をもつ．

❹ **キャッシュ**　　主記憶とCPUの間にある高速小容量な一時メモリ．キャッシュラインと呼ばれる単位で，主記憶との間でデータが交換される．

❺ **ライトスルーとライトバック**　　ライトスルー方式では，ストアのたびに主記憶の書込みが行われる．ライトバック方式では，キャッシュラインの追出しが起こるときにだけ主記憶の書込みが行われる．

❻ **キャッシュの三つの形**　　ダイレクトマップ形，セットアソシアティブ形，フルアソシアティブ形．後にいくほど連想度が高く，ハードウェアが複雑になる．

❼ **キャッシュミス**　　初期参照ミス，競合性ミス，容量性ミスの3種類（三つのC）がある．

❽ **仮想記憶**　　主記憶よりも大きなメモリ空間を実現し，複数のプログラムが一つの物理記憶を安全に分かちあって使うための技術

❾ **ページ**　　仮想記憶で，主記憶と二次記憶の間でデータをやりとりする単位．ふつう数キロバイト

❿ **ページテーブル**　　仮想アドレスから物理アドレスを導くためのテーブル．主記憶に置かれる．ユーザプログラムが更新することはできない．

⓫ **ページフォールト**　　ページが主記憶に入っていないときに起こる例外．主記憶の領域を確保し，二次記憶からページを読み込むなどの対処が必要となる．

⓬ **TLB**　　ページテーブルのキャッシュ．メモリアクセスの高速化のために用いられる．

⓭ **仮想記憶とキャッシュ**　　直列形物理アドレスキャッシュ，並列形物理アドレスキャッシュ，仮想アドレスキャッシュなどの実現方式がある．

●理解度の確認●

問 5.1 データキャッシュに命令語を読みこむことは，原理的には可能だが，これによって不都合が生じる場合がある．それはどのような不都合か．

問 5.2 一次キャッシュと主記憶の間に二次キャッシュが入っている CPU を考える．一次キャッシュにラインがあるときは一次キャッシュだけをアクセスし，一次キャッシュにラインがなく二次キャッシュにあるときは二次キャッシュをアクセス，どちらにもないときは主記憶からラインを取ってくるものとする．クロック速度を C〔Hz〕，プログラムで実行される命令の数を N，そのうちのロード/ストア命令割合を r_{ls}，ロード/ストア命令ごとの一次キャッシュミス率を r_1，一次キャッシュのミスペナルティを t_1，ロード/ストア命令ごとの二次キャッシュのミス率を r_2，二次キャッシュのミスペナルティを t_2 とすると，プログラムの実行時間 T_p はどのように表されるか．

問 5.3 $r_{ls}=0.3$ のとき，問 5.2 で得た式をもとに，**表 5.5** の各場合について，実行時間の相対値を求めよ．また，この表からどのようなことがいえるか．

表 5.5 キャッシュミス率とミスペナルティ（二次キャッシュのある場合）

事 例	一次キャッシュミス率 r_1	一次キャッシュミスペナルティ t_1	二次キャッシュミス率 r_2	二次キャッシュミスペナルティ t_2	実行時間相対値
事例 1	0	——	——	——	1
事例 2	0.05	10	0	——	——
事例 3	0.05	40	0	——	——
事例 4	0.05	10	0.001	100	——

問 5.4 あるコンピュータが 32 ビットの仮想アドレス空間をもち，ページサイズが 4 キロバイトであったとする．ここでページテーブルが図 5.10 の構成をとったとき，ページテーブルのエントリ数を求めよ．また，物理ページアドレスが 30 ビットで与えられるときに，ページテーブルの大きさを求めよ．

問 5.5 あるコンピュータが 32 ビットの仮想アドレス空間をもち，ページサイズが 4 キロバイト，物理アドレスが 31 ビット，キャッシュラインが 4 語（1 語 32 ビット）であったとする．2 ウェイセットアソシアティブ形の並列形物理アドレスキャッシュを使った場合，キャッシュに必要なメモリ量を求めよ．ただし，インデックスは，ページ内オフセットを最大限使うものとする．

6 命令レベル並列処理とアウトオブオーダ処理

　コンピュータの性能向上には，並列処理が不可欠である．命令レベルの並列処理は，複数の演算装置を同時に稼働させることで行われる．演算装置の稼働率を上げるためには，レジスタファイルの多ポート化，コンパイラによる最適化，ハザード検出，アウトオブオーダ処理の導入，レジスタリネーミングの導入などの工夫が必要となる．

6.1 命令レベル並列処理

コンピュータの性能向上には並列処理が不可欠である．並列処理にはいろいろなレベルがある．命令パイプラインも一種の並列処理であるが，ここでは複数の演算装置を同時に稼働させることで複数の命令を同時実行する方式について検討する．

6.1.1 並列処理

4章で命令パイプラインの話をした．パイプラインは，コンピュータの作業を N 個のステージにわけ，複数の連続した命令間でステージを同時に実行することで処理スループットを N 倍にする技術であった．

4.2節で述べたパイプラインの阻害要因のうち，パイプラインレジスタの動作遅延だけはどうやっても残る問題であり，スループットはレジスタの遅延で縛られている．それ以上のスループットを出そうとすれば，どうしたらよいだろうか．

この課題への答が並列処理である．並列処理は，複数のプロセッサによるものと，一つのプロセッサ内の複数の演算器によるものがある．本書では，後者の複数の演算器による命令の並列処理を扱う．命令レベルの並列処理は，図 6.1 で表される．図（a）が4章で述べたパイプラインである．これに対して，命令レベル並列処理（並列度2）のパイプラインが図

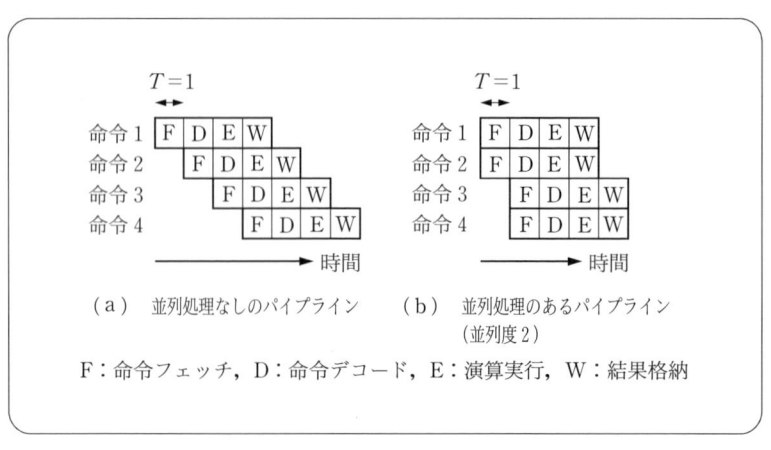

図 6.1 並列処理のある命令パイプライン

（b）である．後者は前者に比べて2倍のスループットを出している．このように，並列度 P の処理によって，理想的には P 倍のスループットが得られることになる．

6.1.2 並列処理パイプライン

図 6.2 に，並列処理を行うプロセッサの一つの基本形を示す．

図では，ALU を二つ設けており，またメモリアクセスも ALU の演算実行とは並列化できることにしている．このほかにも必要に応じて浮動小数点ユニットやグラフィックユニッ

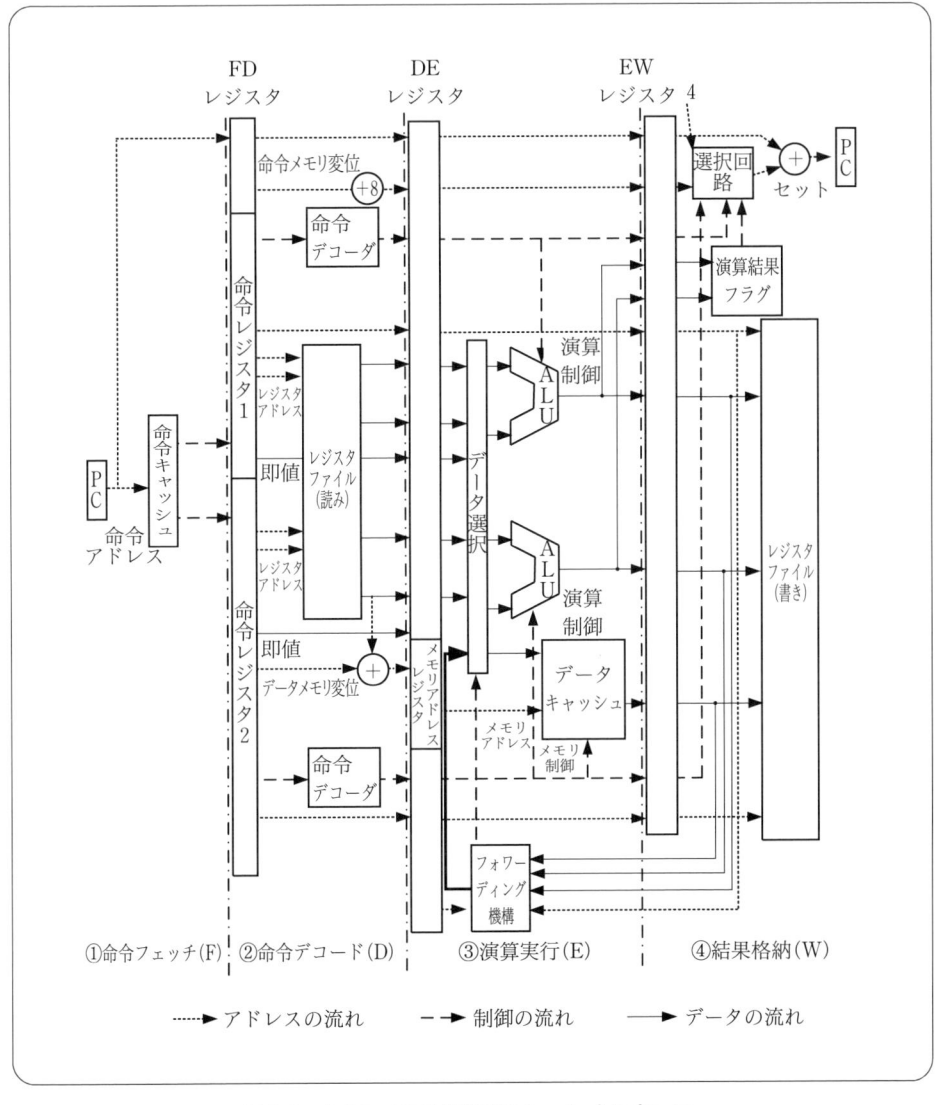

図 6.2　命令レベル並列処理の入ったパイプライン

トなど，演算装置が追加されるであろう．

このパイプラインを，図6.1(b)のように動かすためには，6.A に示した事項が必要になる．なお，ここでは並列度を P で表した．

6.A 命令レベル並列処理に必要な事項

① **ハードウェア資源の投入**　命令キャッシュのバス幅，パイプラインレジスタ，デコーダ，演算フラグなどが，P に比例して大きくなる．

② **レジスタファイルのポート数**　読出し用のポート数が $2P$，書込み用のポート数が P で，合計 $3P$ のポートが必要となる．

③ **フォワーディング機構**　前後の命令の間のデータハザードの解消のためには，演算ユニットのそれぞれの出力のデータがすべての演算ユニットの入力にフォワードされなければならない．フォワードのデータ線に加えて，マルチプレクサのために $P \times P = P^2$ に比例するハードウェアが必要となる．更に遅延も大きなものとなる危険性がある．

④ **並列実行の制御**　同時実行する命令間の依存関係がないことを保証する必要がある．依存関係のある命令が同時にフェッチされた場合，どちらかを待たせるなどの工夫が必要である．並列実行される命令間のデータハザードはフォワーディングによっては解消されないことに注意する．

6.A のなかで，① は単純にハードウェアを増やせばすむ問題である．② はレジスタファイルのデコーダをポート数だけ増やし，書き込みが衝突した場合の制御回路を加えて実現する．③ は回路は単純であるが，ハードウェア量が膨大となる危険がある．④ が一番問題であり，解決にはさまざまな方法が考えられている．

命令レベル並列処理の方式は，④ の解決法によって分類されるといってよい．

6.2　VLIW

並列実行される演算の組を，あらかじめコンパイラで指定してやるのが VLIW 方式である．本節では VLIW の仕組みとその特徴について学ぶ．

6.2.1　VLIW プロセッサの構成と動作

VLIW（very large instruction word）**方式**とは，1命令中に複数の演算を入れたアーキテクチャであり，命令語長が100ビット以上の長大なものになることからその名がある．同

一命令語中のハザードはすべてコンパイラ（または機械語プログラマ）が静的に解決し，命令語中の演算はすべて同時に実行する．

VLIW プロセッサは，図 6.2 で実現されると考えてよい．ただし，命令レジスタは演算ごとに分かれておらず，一つだけ大きなものがあり，この内容はいっせいにデコードされ，同時に実行される．

6.2.2　VLIW の特徴

VLIW の最大の利点は，並列化にあたってのハザード検出にハードウェアが介在しないことである．これによってプロセッサの制御ロジックを簡単化し，クロック速度を高める効果が期待できる．一方，最大の問題点は，機械語プログラムがハードウェアに対して固定されてしまい，互換性がないことである．プロセッサの中の演算器の構成によって命令の形式が決まり，また，構造ハザードから1命令中に可能な演算の組合せが決まってくる．これは，5章で述べた「透過性」がないことを意味する．

VLIW のほかの問題点は，① 静的な並列化の限界，② 十分に並列化できない場合の命令フィールドの無駄，などである．① についてはトレーススケジューリング（などの大域的な最適化，6.4 節参照）を行うのが，一つの解決策である．② については，命令メモリ中では各命令を圧縮して置いておき，キャッシュにコピーするときやデコードするときに本来の姿に戻す，という手法が知られている．

VLIW は，透過性や互換性を犠牲にしてハードウェアを簡単化し，クロックサイクルを短くすることで高速な並列処理を実現する方式といえる．VLIW アーキテクチャは，歴史的には次に述べるスーパスカラ方式の欠点を解決するものとして登場した．

6.3　スーパスカラ

スーパスカラ方式は，逐次形の機械語プログラムを並列実行するアーキテクチャである．ハードウェアがハザードを検出し，並列化可能な命令を選んでこれを並列実行する．

6.3.1 スーパスカラプロセッサの構成と動作

スーパスカラ（superscalar）アーキテクチャは，逐次形の機械語プログラムを並列実行するアーキテクチャである．VLIW とは異なり，透過性や互換性は維持されるが，ハードウェアが並列性抽出・実行の面倒をみなければならず，複雑なものとなる．

スーパスカラプロセッサの命令セットと命令形式は従来の RISC 形と同じである．パイプラインの基本構成は図 6.3 で表される．ここでは，2 命令同時処理のパイプラインを示して

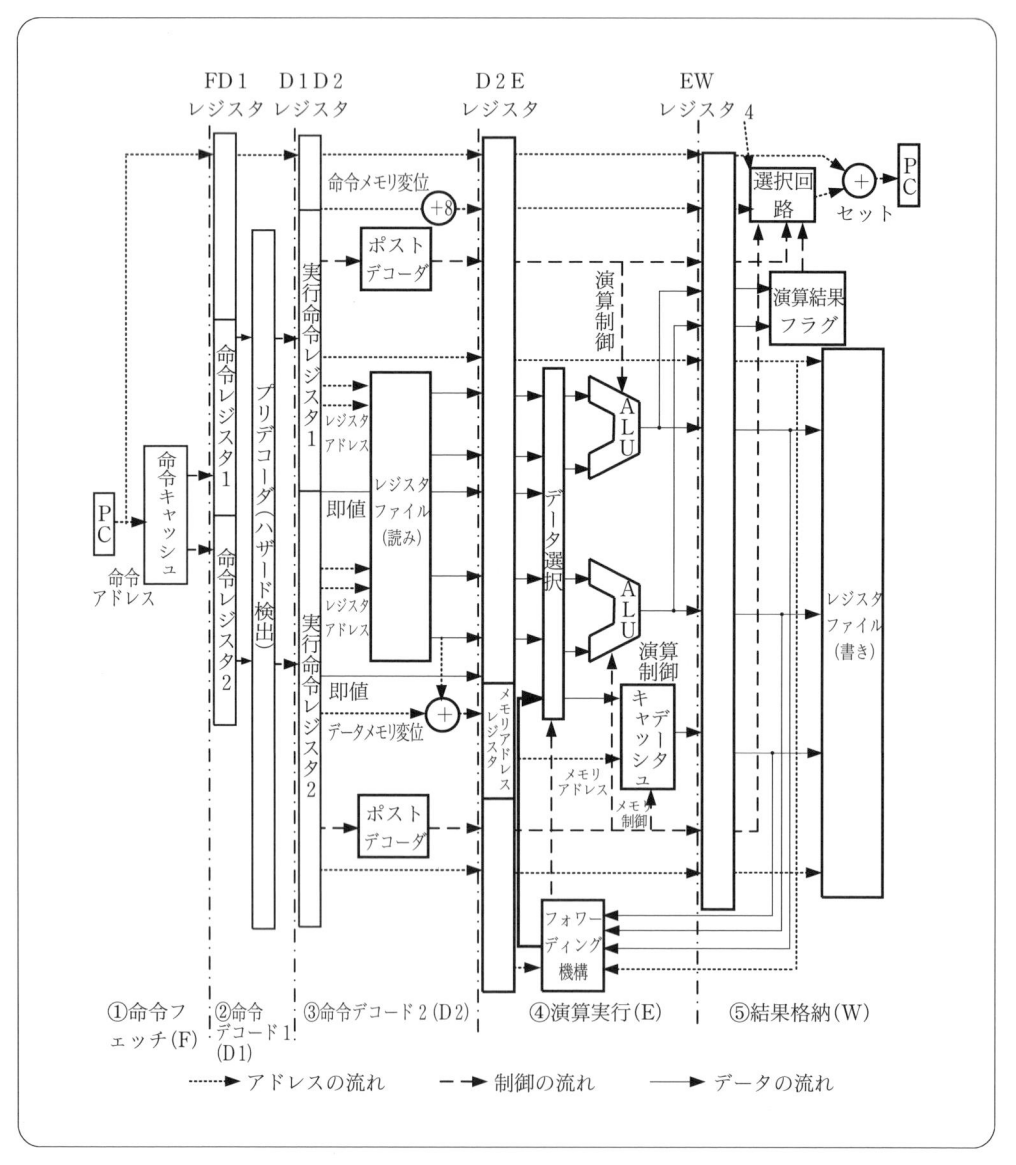

図 6.3　スーパスカラプロセッサのパイプライン基本構成

いるが，一般に P 並列でも同じである．

図6.3の動作は，次のようにまとめられる．

① **命令フェッチ**（instruction fetch，F）　命令キャッシュから複数の命令をフェッチする．

② **命令プリデコード**（instruction predecode，D1）　フェッチした命令と処理待ちの命令のすべての依存関係を調べ，もし依存関係があれば処理を遅らせる．依存関係のない一つないし複数（図では二つ）の命令を「実行命令レジスタ」に入れる．

③ **命令ポストデコード**（instruction dispatch，D2）　実行命令レジスタに入った命令から，演算装置やメモリの制御信号を生成する．同時に，レジスタファイルから演算に必要なレジスタの値を読み出す．

④ **演算実行**（execution，E）　ポストデコーダで指定された演算群（メモリの読み書きを含む）を同時実行する．結果の格納場所の選択信号をポストデコーダで指示された値にセットする．

⑤ **結果の格納**（write back，W）　レジスタファイルに実行結果を格納する．プログラムカウンタ（PC）の値を次の命令のためにセットする．

図4.3に比べると，プリデコードのステージが入っている点が異なる．ここでは，複数の命令の間のハザードを検出することが必要となる．

6.3.2　並列処理とハザード

図6.3におけるハザード検出とはどのような作業であろうか．4.2節で，ハザードには，構造ハザード，データハザード，制御ハザードの3種類があることを述べた．命令レベルの並列処理が入っても，ハザードの種類に変わりはないし，対処法として，パイプラインをストールさせて誤動作を防ぐ点も同じである．以下，それぞれのハザードについて，並列処理に特有の現象を調べてみよう．

〔1〕**構造ハザード**　並列処理では，ユニット数が足りないための構造ハザードが起こる．例えば，図6.3では，データキャッシュは1回に一つしかアクセス要求を受け付けないから，ロード／ストア命令を同時に二つ以上実行することはできない．これが典型的な構造ハザードとなる．構造ハザードがある場合は，競合する資源を使う命令を，時間をずらして順番に処理することになる．スーパスカラでは，この制御をハードウェアが行う必要がある．

〔2〕**データハザード**　並列処理する二つの命令の間にはデータ依存関係があってはならない．プリデコードのステージでデータ依存関係を発見したら，プログラムの中で前に出

てくる命令を先に処理し，あとの命令は時間をずらして後から処理することになる．

〔3〕 **制御ハザード**　フェッチした命令のどちらかが分岐命令の場合，制御ハザードが起こる可能性がある．並列処理をする場合，ストールの影響は大きくなる．すなわち，遅延分岐（4.3.3項）はたくさんの共通命令を必要とすることになるし，分岐予測（4.3.4項）がはずれた場合のペナルティも大きい．

6.3.3　VLIWとスーパスカラの比較

ここで，VLIWとスーパスカラの比較を表6.1にまとめておこう．

表6.1　VLIWとスーパスカラの比較

項　目	VLIW	スーパスカラ
透過性・互換性	×	○
ハザード検出・並列化	静的（コンパイラ）	動的（ハードウェア）
ハードウェア	簡単	複雑
制御の遅延	小	大
命令フィールドのむだ	有	無

6.4　静的最適化

プロセッサを効率良く動かすために，あらかじめ機械語プログラムを最適化しておく．これを**静的最適化**（static optimization）と呼び，これは，コンパイラが行うのが一般的である．命令レベル並列処理の導入とともに，静的最適化はますます重要なものとなっている．ここでは，ハザードを防止するための静的最適化について述べる．

6.4.1　機械語プログラムと命令間依存性

ハザードをできるだけ減らすためにコンパイラ（場合により機械語プログラマ）ができることは次のことである．

① 依存関係を解消したり減らしたりする．
② 依存関係のある命令どうしをプログラムの中で離れた位置に置く．

もちろんこれらは，プログラムの意味を変えない範囲で行わなければならない．

6.4.2 ループアンローリング

制御依存を減らす方法の一つに**ループアンローリング**（loop unrolling）がある．ループアンローリングは，小さなループを何周かまとめて一つのループとすることで，分岐命令によるハザードをなくす手法である．

プログラム例で説明しよう．

6.Bは，配列 a のすべての要素に5を加えるプログラムである．これを普通にコンパイルすると，6.Cのプログラム（アセンブリ言語）を得る．

6.B 配列要素に定数を加えるプログラム

for $(i=0 ; i<100 ; i++)$ $a[i]=a[i]+5;$

6.C 配列要素に定数を加えるプログラム（アセンブリ言語）

```
          addi r1, r0, 0     ; r1をiを入れるレジスタとし，初期値0をセット
          addi r2, r0, 100   ; r2に100をセット
ForLoop : lw   r4, 0(r3)     ; r4 = a[i]；r3はa[i]の番地を入れるレジスタとする．
          addi r4, 5, r4     ; r4 = r4 + 5；
          sw   r4, 0(r3)     ; a[i] = r4；
          addi r1, r1, 1     ; i++；
          addi r3, r3, 4     ; a[i]番地の更新
          blt  r1, r2, ForLoop ; if (i < 100) goto ForLoop
```

いま，ALU（整数加減算および論理演算器）を二つ，ロードストアユニットを二つもつプロセッサがあったとする．本プロセッサでは，命令フェッチ・結果書戻しはともに同時に2命令実行可能，レジスタファイルは同時に4出力2入力とする．このとき6.Cのプログラムの実行時間を考える．

6.CのForLoop以下に注目しよう．以下の五つの命令は，すべて最後の命令 blt r1, r3, ForLoopに制御依存している．したがって，何も策を講じなければここで3クロックのストールが発生する（図4.8参照）．また，並列処理を行う場合には，分岐命令をまたぐ並列化は通常行われない．

r1の値はほとんどの場合でr2の値より小さいので，分岐予測は高い確率で当たる．詳しくいえば，ループを周回する最初と最後以外のところは，4.3.4項で述べた方式で分岐予測は100%当たると考えてよい．このとき，パイプラインは図6.4のように進行する．

図6.4でループ一周の実行時間は4クロックとなり，分岐予測をしなかった場合（7クロ

6. 命令レベル並列処理とアウトオブオーダ処理

```
ForLoop : lw r4, 0(r3)          F D1 D2 E W
          addi r4, 5, r4        F D1 × D2 E W
          sw r4, 0(r3)          F D1 × D2 E W
          addi r1, r1, 1        F × D1 D2 E W
          addi r3, r3, 4        F × D1 D2 E W
          blt r1, r2, ForLoop   F D1 D2 E W
ForLoop : lw r4, 0(r3)          F D1 D2 E W
                                              ──→ 時間
```

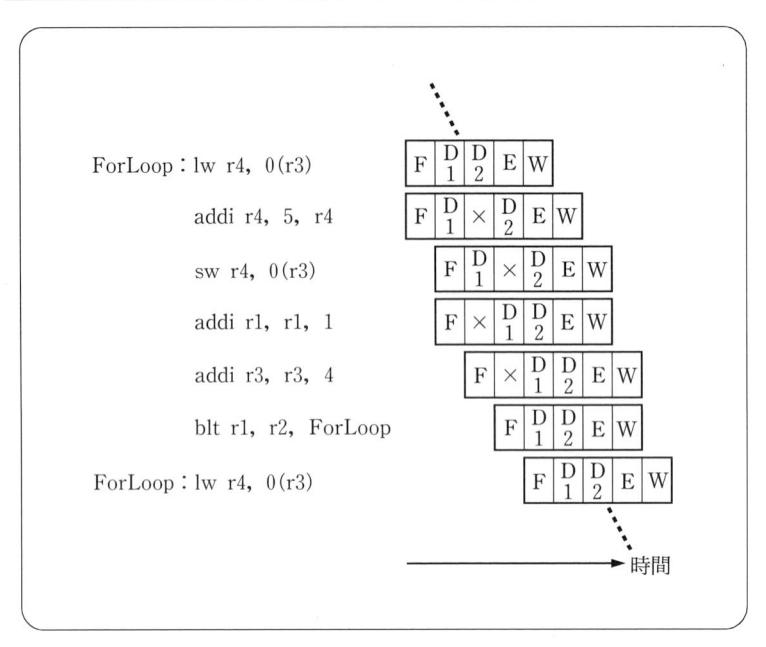

図 6.4　配列要素に定数を加えるプログラムのパイプライン進行

ック）に比較して，1.75 倍の速度向上が得られている．

次に，ループアンローリングを施した場合について考える．四つのループをまとめて一つにすると，6.D のプログラムができあがる．

6.D　ループアンローリングを施したプログラム（アセンブリ言語）

```
          addi r1, r0, 0       ; r1 を i を入れるレジスタとし，初期値 0 をセット
          addi r2, r0, 100     ; r2 に 100 をセット
ForLoop : lw r4, 0(r3)         ; r4 = a[i]；r3 は a[i] の番地を入れるレジスタとする．
          lw r5, 4(r3)         ; r5 = a[i+1]；
          lw r6, 8(r3)         ; r6 = a[i+2]；
          lw r7, 12(r3)        ; r7 = a[i+3]；
          addi r4, 5, r4       ; r4 = r4 + 5；
          addi r5, 5, r5       ; r5 = r5 + 5；
          addi r6, 5, r6       ; r6 = r6 + 5；
          addi r7, 5, r7       ; r7 = r7 + 5；
          sw r4, 0(r3)         ; a[i] = r4；
          sw r5, 4(r3)         ; a[i+1] = r5；
          sw r6, 8(r3)         ; a[i+2] = r6；
          sw r7, 12(r3)        ; a[i+3] = r7；
          addi r1, r1, 4       ; i = i + 4；
          addi r3, r3, 16      ; b[i] 番地の更新
          blt r1, r2, ForLoop  ; if (i < 100) goto ForLoop
```

6.D のプログラムのパイプライン実行の様子を**図 6.5** に示す．図より，8 クロックでループ 4 周分が実行できたことになるから，図 6.4 の場合と比較して，(4/8)×4＝2 倍の処理速度が出ていることになる．

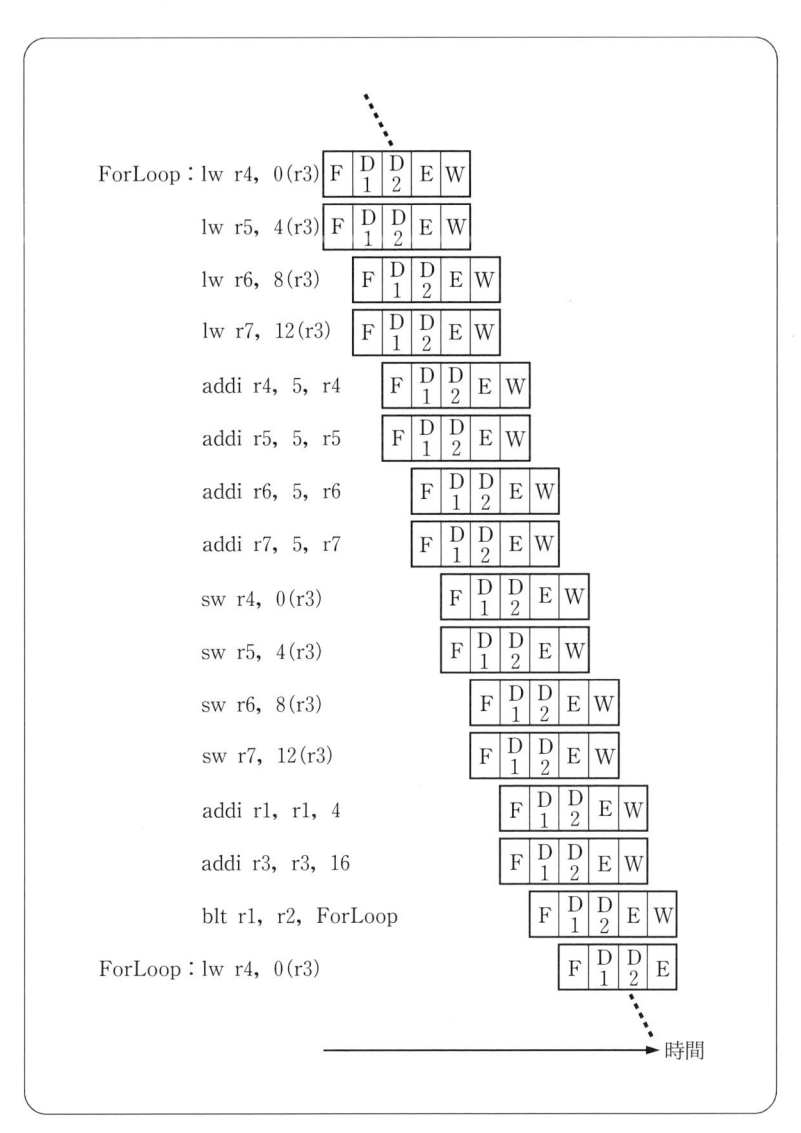

図 6.5 ループアンローリングを施したプログラムのパイプライン進行

ここであげたループアンローリングによる効率改善の理由は二つある．すなわち，① 分岐命令の削減（blt が三つ減ったこと），② lw，addi，sw をそれぞれ四つずつまとめることでデータハザードが解消したことである．図 6.5 では，パイプラインストールが発生していないことに注目されたい．

6.4.3 ソフトウェアパイプライニング

ループアンローリングは，複数の連続するループを展開して，分岐を減らすものであった．これに対してソフトウェアパイプライニングは，ループ間にまたがって命令を移動し，依存関係のある命令どうしの距離を離すことで，ハザードを起こりにくくし，並列度をあげる技術である．ソフトウェアパイプライニングとループアンローリングは組み合わせて用いることができる．

6.C のプログラムにソフトウェアパイプライニングを施すと，6.E のようになる．ここでは，あるループのロード命令は，次のループの加算のオペランドとなり，あるループのストア命令は，一つ前のループの加算の結果の格納となる．

6.E ソフトウェアパイプライニングを施したプログラム（アセンブリ言語）

```
          addi r1, r0, 0       ;r1をiを入れるレジスタとし，初期値0をセット
          addi r2, r0, 98      ;r2に98をセット
          lw r4, 0(r3)         ;r4 = a[0]；r3はa[i]の番地を入れるレジスタとする．
          addi r5, 5, r4       ;r5 = r4 + 5；
          lw r4, 4(r3)         ;r4 = a[1]；
ForLoop : sw r5, 0(r3) ;       ;a[i] = r5；
          addi r5, r4, 5       ;r5 = a[i + 1] + 5；
          lw r4, 8(r3)         ;r4 = a[i + 2]；
          addi r1, r1, 1       ;r1 = i + 1；
          addi r3, r3, 4       ;r3にa[i + 1]番地を入れる．
          blt r1, r2, ForLoop ; if (i < 98) goto ForLoop
```

図 6.6 に 6.E のプログラムのパイプラインを示す．このパイプラインで，ループが 1 周 3 クロックで実行できるようになり，効率は 6.C のプログラムの 1.33 倍になる．

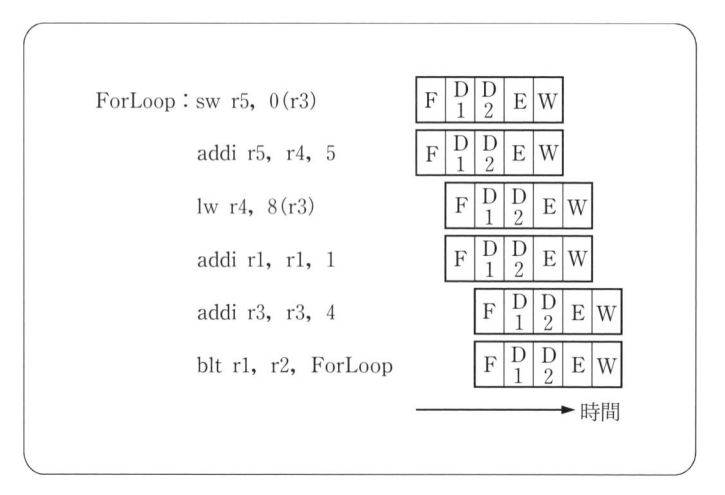

図 6.6 ソフトウェアパイプライニングを施したプログラムのパイプライン進行

6.4.4 トレーススケジューリング

ループアンローリングは，複数のループを統合して制御依存を減らす手法であった．**トレーススケジューリング**は，分岐予測をして複数の基本ブロックを統合し，制御依存を減らす手法である．

ここで，**基本ブロック**（basic block）とは，ある分岐命令の直後から次の分岐命令までの命令列をいう．プログラムを基本ブロックの間の依存関係として表現したものを，**制御フローグラフ**（control flow graph）と呼ぶ．

トレーススケジューリングの様子を**図 6.7**に示す．

```
(a) 制御フローグラフ     (b) 第一段階の制御フローグラフ
太線が，最も確率の高い分岐パス    ■ ブックキーピング
```

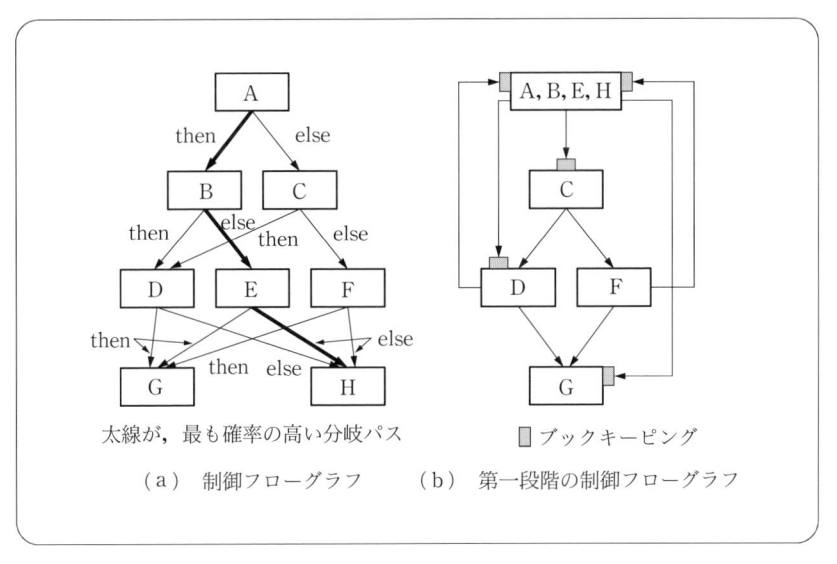

図 6.7　トレーススケジューリング

図で，A，B，Cなどは基本ブロックを示す．トレーススケジューリングは **6.F** に示す手順で実現される．図 6.7(b)は，6.Fの①〜④を一度施した第一段階の制御フローグラフである．

6.F　トレーススケジューリングの手順
①　実行履歴（プロファイル，profile）などによって，実行される確率の最も高い分岐パターンを調べる．
②　①のパターンの上にある基本ブロックを統合する．これを**トレース**（trace）と呼ぶ．
③　トレースに命令スケジューリングを施すことで，トレース内の実行効率を高める．トレース内にも分岐命令はあるが，「分岐命令を超えた命令移動」も行う．
④　③によってトレース以外に分岐する場合に生じる不都合を防ぐため，分岐先の入り口に補正用のコードを入れる．これを**ブックキーピング**（bookkeeping）と呼ぶ．
⑤　トレースを除いた制御フローグラフにおいて，①〜④を繰り返す．

6.5 アウトオブオーダ処理

プログラムの意味を変えない範囲で命令実行と命令終了の順序を変更することで，並列度を飛躍的にあげることができる．これが**アウトオブオーダ処理**である．本節では，アウトオブオーダ処理の原理と実現機構について学習する．

6.5.1 アウトオブオーダ処理とはなにか

プログラムは，書いてある字面通りの順番で処理してやる必要はない．実行結果が変わらないように依存性に配慮して，実行時に順番を変更してよい．一般に実行時に行うスケジューリングを**動的スケジューリング**（dynamic scheduling）といい，命令の入れ替えに関する動的スケジューリングを**アウトオブオーダ**（out of order）**処理**と呼ぶ．これまでに述べた，「命令を動的に入れ替えることをしない処理」を**インオーダ**（in order）**処理**という．一般に，アウトオブオーダ処理によって並列度をあげられる．

アウトオブオーダ処理には，命令を E ステージに入れる順番を動的に入れ替える**アウトオブオーダ実行**（out of order execution）と，実行結果をレジスタに格納する順番を入れ替える**アウトオブオーダ完了**（out of order completion）がある．

例 6.1 ALU（整数加減算および論理演算器）を二つ，乗算ユニットを二つもつプロセッサがあったとし，前者の演算時間を 1，後者の演算時間を 3 とする．また，命令フェッチは同時に 2 命令，レジスタファイルは同時に 4 出力 2 入力とする．このとき次のプログラムの実行時間を考える．

```
mul r1, r2, r3
add r4, r1, r5
mul r6, r7, r8
add r9, r10, r11
add r12, r13, r14
```

このプロセッサが，（a）インオーダ実行/インオーダ完了，（b）インオーダ実行/アウトオブオーダ完了，（c）アウトオブオーダ実行/インオーダ完了，（d）アウトオブオーダ実行/アウトオブオーダ完了を行った場合の実行タイミングをそれぞれ図 6.8 に示す．

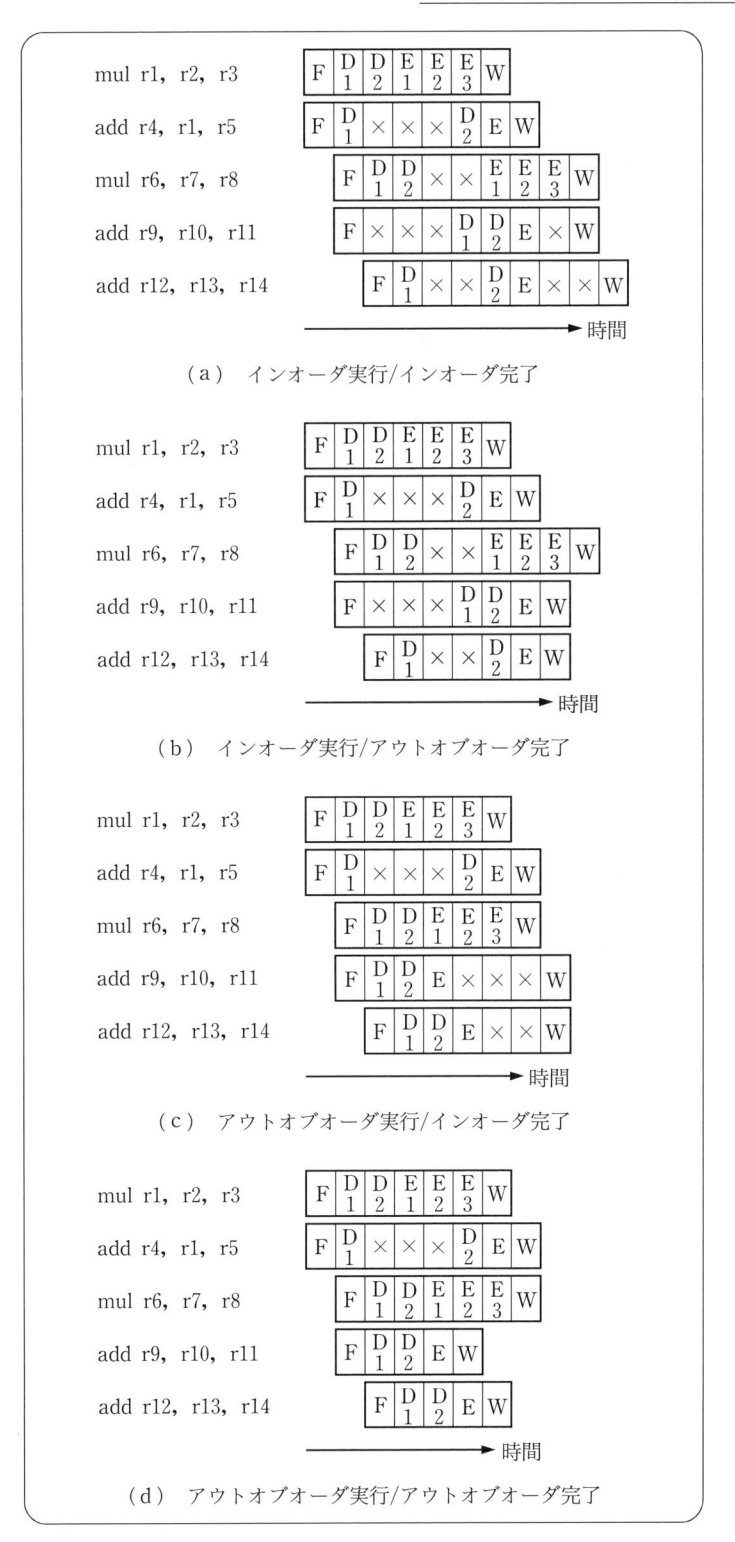

6.5 アウトオブオーダ処理

命令	パイプライン
mul r1, r2, r3	F D1 D2 E1 E2 E3 W
add r4, r1, r5	F D1 × × × D2 E W
mul r6, r7, r8	F D1 D2 × × E1 E2 E3 W
add r9, r10, r11	F × × × D1 D2 E × W
add r12, r13, r14	F D1 × × D2 E × × W

→ 時間

（a）インオーダ実行/インオーダ完了

命令	パイプライン
mul r1, r2, r3	F D1 D2 E1 E2 E3 W
add r4, r1, r5	F D1 × × × D2 E W
mul r6, r7, r8	F D1 D2 × × E1 E2 E3 W
add r9, r10, r11	F × × × D1 D2 E W
add r12, r13, r14	F D1 × × D2 E W

→ 時間

（b）インオーダ実行/アウトオブオーダ完了

命令	パイプライン
mul r1, r2, r3	F D1 D2 E1 E2 E3 W
add r4, r1, r5	F D1 × × D2 E W
mul r6, r7, r8	F D1 D2 E1 E2 E3 W
add r9, r10, r11	F D1 D2 E × × × W
add r12, r13, r14	F D1 D2 E × × W

→ 時間

（c）アウトオブオーダ実行/インオーダ完了

命令	パイプライン
mul r1, r2, r3	F D1 D2 E1 E2 E3 W
add r4, r1, r5	F D1 × × × D2 E W
mul r6, r7, r8	F D1 D2 E1 E2 E3 W
add r9, r10, r11	F D1 D2 E W
add r12, r13, r14	F D1 D2 E W

→ 時間

（d）アウトオブオーダ実行/アウトオブオーダ完了

図 6.8　アウトオブオーダ実行

図から分かるように，それぞれ11クロック，10クロック，9クロック，8クロックの実行時間となる．このような単純な例でも，アウトオブオーダ処理の効果を見てとることができる．

6.5.2 データ依存再考

データ依存性とは，ある命令の実行結果が，別の命令のソースオペランドとして使われることで，この二つの命令の実行順序が決まってくる，という性質であった．インオーダ処理をしている限りは，データ依存性はパイプラインにフォワード機構を入れ，フォワードでも間に合わないハザードはストールによってこれを解決すればよかった．

アウトオブオーダ処理を許すようになると，これまで意識しないでよかったデータ依存関係を考えなければならなくなる（**6.G**）．

6.G データ依存の分類

① **フロー依存**（flow dependence）　命令 A で書き込んだ値を後続の命令 B で読み出すとで起こる A ⇒ B の依存関係．真の依存関係（true dependence）ともいう．
② **逆依存**（anti dependence）　命令 A で読み出したレジスタ（メモリ語）に後続の命令 B が書込みを行うことで起こる A ⇒ B の依存関係．
③ **出力依存**（output dependence）　命令 A で書き込んだレジスタ（メモリ語）に後続の命令 B が再度書込みを行うことで起こる A ⇒ B の依存関係．

これまで述べてきたデータ依存は，①のフロー依存のみであった．普通，どんなプログラムにも②や③が含まれるが，これらはインオーダ処理をしている限りは問題にならない．

アウトオブオーダ処理の場合は，この3者をいちいち解決してやる必要がある．

①は，命令 A の結果が出るまで命令 B の実行を待たせる以外に解がない[†]．これはプログラムに固有の依存であり，ハードウェアは，A の結果出力から B の演算入力までのデータ遅延（latency，レーテンシ）をできるだけ短くしてやることが課題となる．フォワーディングがこれである．

②，③は，主にレジスタ数の不足からくる依存である．特にインオーダ処理用のコンパイラ最適化がなされた機械語プログラムでは，レジスタ数が最少化されている場合が多く，アウトオブオーダ処理にはかえってこれが障害となる．

例6.2に3種類の依存関係が現れるプログラムを示す．

[†] A の結果を予測する値予測（value prediction）という技術があるが，ここでは触れない．

例 6.2 3種類の依存

① mul r1, r2, r3
② add r4, r1, r5
③ add r5, r6, r7
④ add r4, r8, r9
⑤ add r10, r4, r11
⑥ add r12, r10, r13

フロー依存： ① ⇒ ② (r1)， ② ⇒ ⑤ (r4)， ④ ⇒ ⑤ (r4)， ⑤ ⇒ ⑥ (r10)
逆 依 存： ② ⇒ ③ (r5)
出力依存： ② ⇒ ④ (r4)

3種類の依存は，当然のことであるが，ハザードの原因となる．それぞれの依存に由来するハザードの名称を**表 6.2**に示す．

表 6.2 データ依存とデータハザード

データ依存	データハザード
フロー依存	RAW（read after write）ハザード
逆依存	WAR（write after read）ハザード
出力依存	WAW（write after write）ハザード

実際に3種類の依存が及ぼす並列性能の低下について，簡単に調べてみよう．

（例 6.2）の並列実行を考える．いま，対象とするプロセッサには，（例 6.1）と同様ALUが2個，乗算ユニットが2個並列に配置されていたとする．これらで一つの計算を行うのに要する時間がそれぞれ1クロック，3クロックとしよう．更に，命令フェッチは同時に2命令，レジスタファイルは同時に4出力2入力とする．このときアウトオブオーダのパ

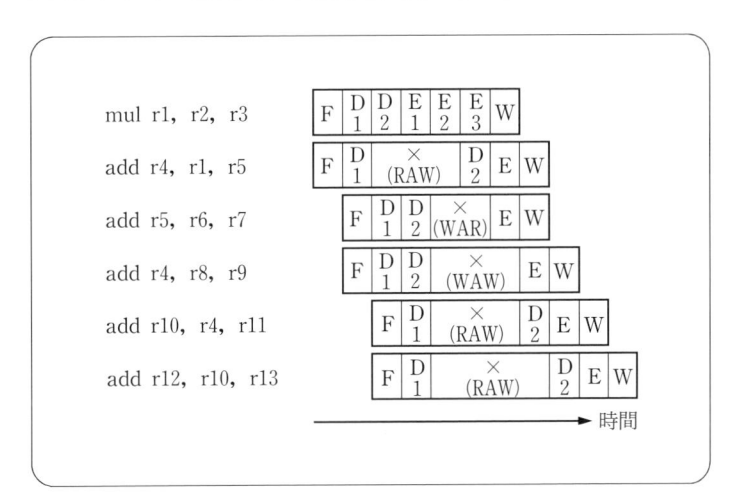

図 6.9 例 6.2 のプログラムのパイプライン実行

110   6. 命令レベル並列処理とアウトオブオーダ処理

イプライン実行を考える（**図 6.9**）．

この例より，アウトオブオーダ実行が可能であっても，3種類の依存関係からくるハザードによって，実行時の並列度が下がることが見てとれる．

6.5.3　アウトオブオーダ処理の機構

アウトオブオーダ処理のためには，多数の命令の中で現在実行可能な命令がどれとどれであるかを選ぶことが必要である．これは，現在実行中の命令と発行しようとする命令の間の依存関係を検出して，依存関係による待ちがなくなった命令を選ぶ作業となる．

実行可能な命令を選び出すための機構が**命令ウィンドウ**（instruction window）である．命令ウィンドウの機構を**図 6.10** に示す．

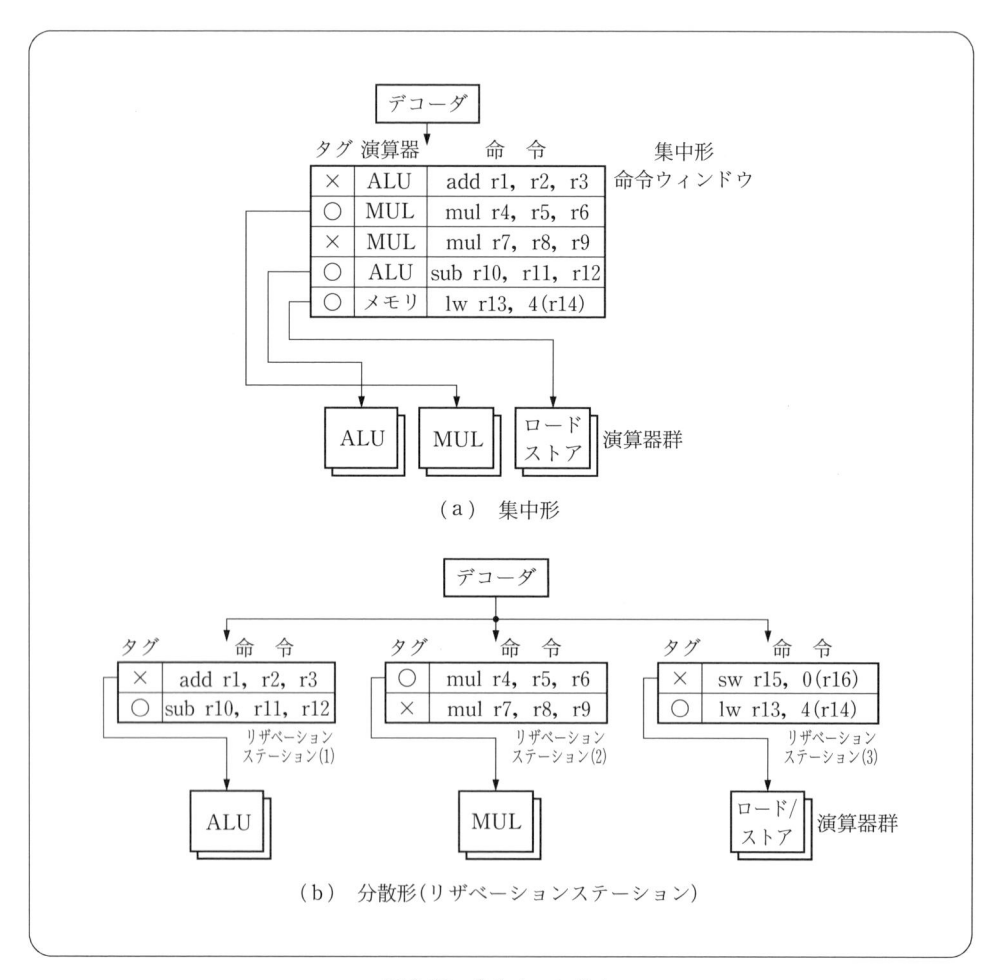

図 6.10　命令ウィンドウ

命令ウィンドウはデコードの終わった複数の命令を入れておくバッファであり，その中で依存関係と資源競合による待ちがなくなった命令を取り出す機構を備えている．次節で学ぶように，逆依存と出力依存はレジスタリネーミングによって解決されるので，命令ウィンドウではフロー依存のみを解決すればよい．そのため，命令ウィンドウに入っている各命令は，入力データがそろったかどうかを示すタグ（tag）をもつことになる．

命令ウィンドウには，集中形（図(a)）と分散形（図(b)）がある．集中形は命令ウィンドウをプロセッサ全体に1個置くもので，メモリ量の点で優れているが，回路が複雑になりがちで，遅延が大きくなる危険がある．分散形では，各演算ユニットの前段に命令ウィンドウを分散配置する．これを**リザベーションステーション**（reservation station）と呼ぶ．分散形の利点は，各リザベーションステーションの規模が比較的小さいために，高速動作が可能なことであるが，全体としての回路規模はかえって大きくなる問題がある．

6.6 レジスタリネーミング

本節ではデータ依存のうちで，逆依存，出力依存の2者を解消する方法であるレジスタリネーミングについて，その原理と実現機構を学習する．

6.6.1 ソフトウェアによるレジスタリネーミング

（例6.2）（6.5.2項）をもう一度観察してみよう．3種類の依存関係のうちで，フロー依存は計算の因果関係を定めたものであり，命令の実行順序は変更できない．しかし逆依存と出力依存は，レジスタ番号の衝突によるものであり，レジスタ数さえ十分にあれば，これを解消することができる．

（例6.2）のプログラムを次のように書き換えてみても，結果は変わらない．

例 6.2′　レジスタをふやすことによる依存関係の解消

① mul r1, r2, r3
② add r4, r1, r5
③ add r14, r6, r7
④ add r15, r8, r9

⑤ add r 10, r 15, r 11

⑥ add r 12, r 10, r 13

ここでは，③の r 5 が r 14 に，④，⑤の r 4 が r 15 に置き換えられていることに注意されたい．この置き換えによって，ハザードは RAW だけとなり，図 6.11 のように並列度の高いパイプラインが実現される．図 6.9 とこれを比べれば，3 クロックの実行時間の短縮になっていることが分かる．

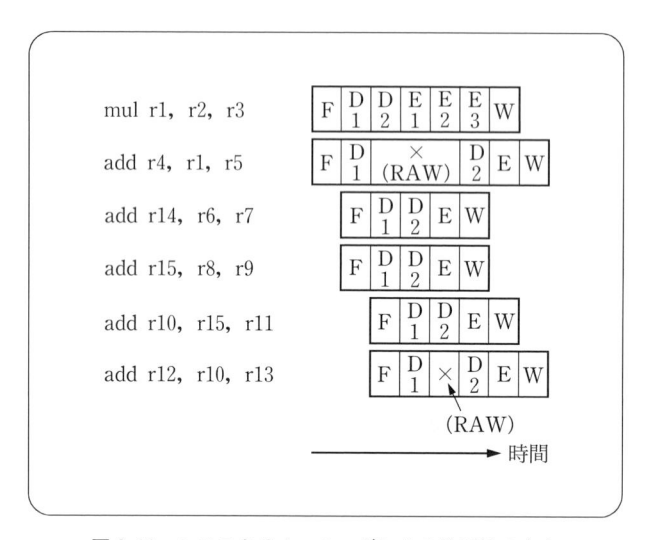

図 6.11 レジスタリネーミングによる並列性の向上

このようにレジスタ番号の置き換えによって並列性を向上させることを，**レジスタリネーミング**（register renaming）と呼ぶ．図 6.11 は，コードの変換によって静的にレジスタリネーミングを行った例である．

6.6.2 ハードウェアによるレジスタリネーミング（1）―マッピングテーブル―

6.5.3 項で述べたように，レジスタリネーミングは機械語プログラムの変換によって実現することができるが，これには以下のような問題がある（**6.H**）．

①は，機械語から参照できるレジスタ数が，命令形式中のレジスタのフィールドの長さで決められていることによる．典型的にはこれは 5 ビットまたは 6 ビットであり，32 ない

6.H 静的なレジスタリネーミングの問題点
① 機械語プログラムで指定できるレジスタ数には限界がある．
② CPU のアーキテクチャの細部（特に並列動作可能なユニット数）にプログラムが影響を受けるため，透過性・互換性が失われる．
③ 機械語プログラムの変換の手間がかかる．

6.6 レジスタリネーミング

し64個に限られている（実際は特殊用途に使うレジスタもいくつかあるため，更にこれより少ない数しか使えない）．

②は，「命令セットが同じCPUは，どれも同じ機械語プログラムを効率よく実行するべきだ」という考えに基づく．また，③はCPUが変わるたびにプログラム変換を行う手間を問題にしている．

これらを解決するためには，ハードウェアで動的にレジスタリネーミングを実現する必要

（a）マッピングテーブルによる命令の変換

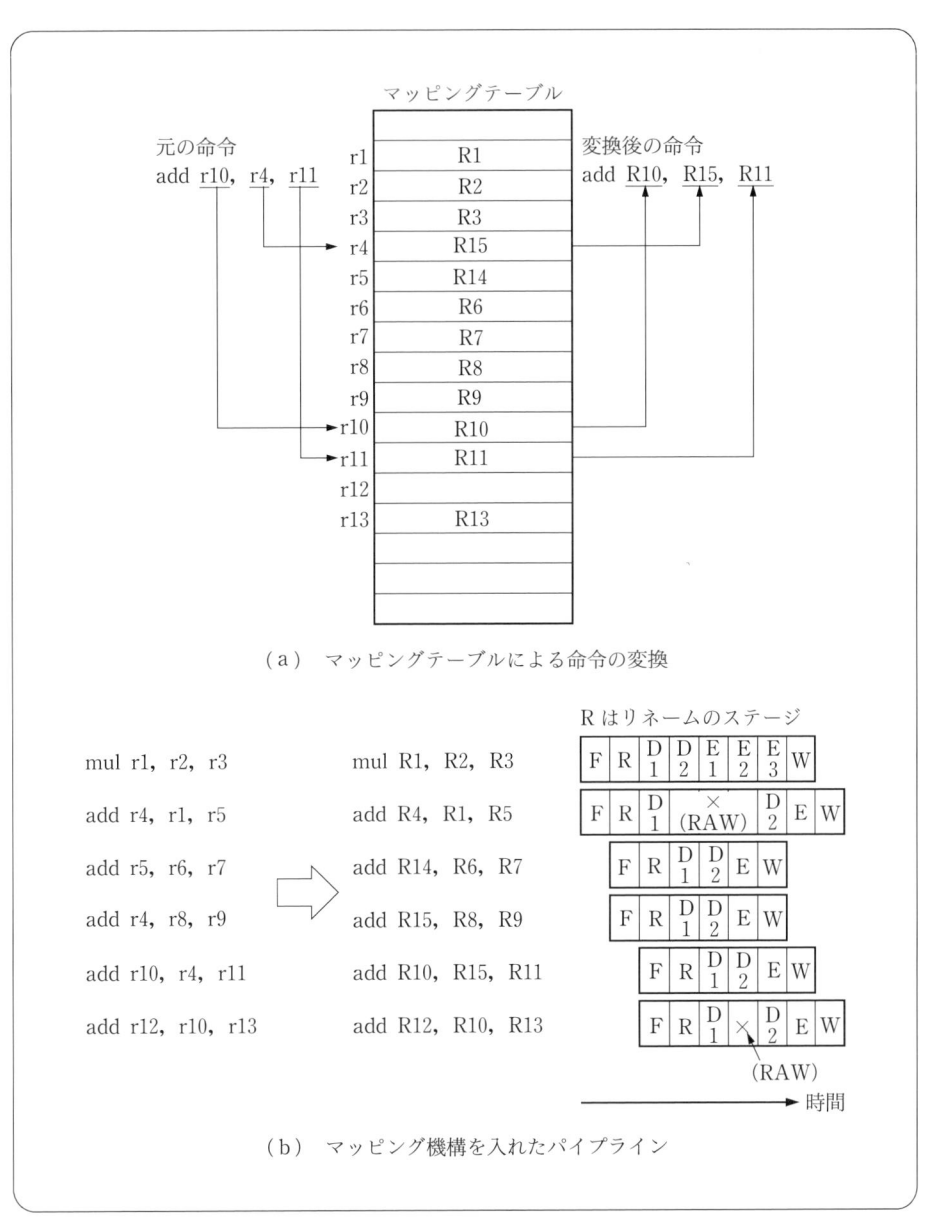

（b）マッピング機構を入れたパイプライン

図 6.12 マッピングテーブルによるレジスタリネーミング

114　6. 命令レベル並列処理とアウトオブオーダ処理

がある．その一つの方法が，マッピングテーブル（mapping table）による方法である．

マッピングテーブルは，アドレスを論理レジスタアドレス（logical register address）とし，中身を物理レジスタアドレス（physical register address）とする，アドレス変換テーブルである．ここで，論理レジスタアドレスとは，命令のフィールドに書かれているレジスタアドレスであり，物理レジスタアドレスとは，実際のハードウェア上に実現されているレジスタのアドレスである．

図 6.12 に（例 6.2）の実行におけるマッピングテーブルによるレジスタリネーミングを示す．図（a）は，最後から 2 番目の命令のレジスタリネーミングの様子を，図（b）では，全体のパイプライン実行の様子を示す．この図で，WAR ハザードと WAW ハザードが生じることなく，（例 6.2）のプログラムが実行されることが示されている．

命令がフェッチされると，当該命令が書き込むレジスタの論理アドレスに対応するマッピングテーブルのエントリに，1 個の物理レジスタアドレスが書き込まれる．以後，この物理レジスタアドレスを使って計算が進められる．すなわち，レジスタ読出しのたびにマッピングテーブルが引かれ，物理レジスタアドレスに置き換えて計算が進められる．マッピングテーブルのエントリ作成まではインオーダで処理が進められるため，逆依存や出力依存に対して違反は生じない．

マッピングテーブルを使う方法は，ハードウェア機構が簡単で分かりやすいが，テーブル引きのためにパイプラインのステージが一つ余計に必要になる（図（b）の R ステージ）．全体としてパイプライン長が長くなるため，分岐予測がはずれた場合などにオーバヘッドが大きくなる問題がある．

6.6.3　ハードウェアによるレジスタリネーミング（2）—リオーダバッファー

本項では，マッピングテーブルを使わないレジスタリネーミングの方式について述べる．

ここでは，図 6.13（a）のように，レジスタファイルと並べて，命令の実行結果を格納するメモリを設ける．これを**リオーダバッファ**（reorder buffer）と呼ぶ．

リオーダバッファのエントリには，命令が書き込むレジスタのアドレスと，その値の組が格納される．命令がフェッチされると，リオーダバッファに新しいエントリが確保され，当該命令が書き込むレジスタアドレスと wait タグが書き込まれる．また，命令は，リオーダバッファから，このレジスタが読み出すレジスタのアドレスが含まれるエントリのうちで最新のものの値を読み出す．これは，メモリの内容でエントリを特定する連想検索となる．すなわち，リオーダバッファは連想メモリ（associative memory, content addressable memory）となっている．

6.6 レジスタリネーミング

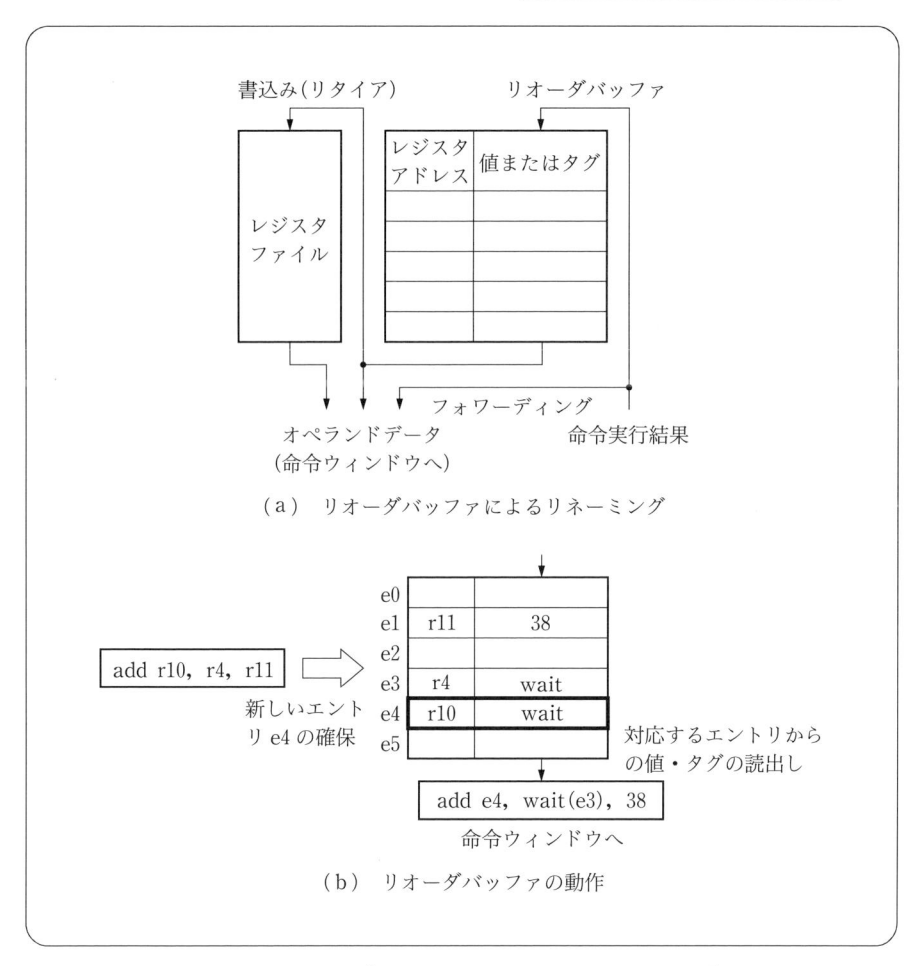

図6.13 リオーダバッファによるレジスタリネーミング

(a) リオーダバッファによるリネーミング

(b) リオーダバッファの動作

命令はリオーダバッファを介して図(b)のように整形され，これが命令ウィンドウに送られる．命令ウィンドウは，オペランドデータがそろった命令の中で適当なものを実行ユニットに送る．オペランドがwaitのとき，ウィンドウのオペランドフィールドにはリオーダバッファのエントリ番号（図のe4など）が格納される．当該エントリ番号を出力先とするデータがきたときに，オペランドがこれに書き換えられる．

以上の操作では，リオーダバッファのエントリ番号がレジスタアドレスの代わりに使われている．エントリ番号は命令ごとに異なるために，逆依存や出力依存は発生せず，WARハザード，WAWハザードは起こらない．また，エントリ作成まではインオーダで処理が進められるため，逆依存や出力依存に対して違反は生じない．

リオーダバッファのエントリは，以下の二つが満たされたときに終了（リタイア，retire）する．

① このエントリを書き込んだ命令以前の命令が終了した．
② このエントリのレジスタ値が確定し，書き込まれた．

リタイア時には，レジスタ値がリオーダバッファからレジスタファイルに移される．すでに終了した命令の結果が別の命令のオペランドになるとき，この値はリオーダバッファからではなく，レジスタファイルから読み出される．

以上がリオーダバッファによるリネーミングである．この方式は，マッピングテーブルを用いた方式に比べてパイプライン段数が少なくてすむ（図6.11のパイプラインがそのまま実現される）利点があるが，機構・動作が複雑になる難点がある．

6.7 スーパスカラプロセッサの構成

本節では，アウトオブオーダ処理を行うスーパスカラプロセッサの構成と性能について述べる．

6.7.1 アウトオブオーダ処理を行うプロセッサの構成

6.5節，6.6節で述べたように，効率の良いアウトオブオーダ処理は，命令ウィンドウとレジスタリネーミングによって実現される．命令ウィンドウに集中形と分散形，レジスタリネーミングにマッピングテーブル方式とリオーダバッファ方式があるため，アウトオブオーダ処理の実現機構には大まかにいって4種類の組合せがあることになる．このうち，集中形命令ウィンドウとマッピングテーブルの組合せを図6.14に，分散形命令ウィンドウとリオーダバッファの組合せを図6.15に示す．

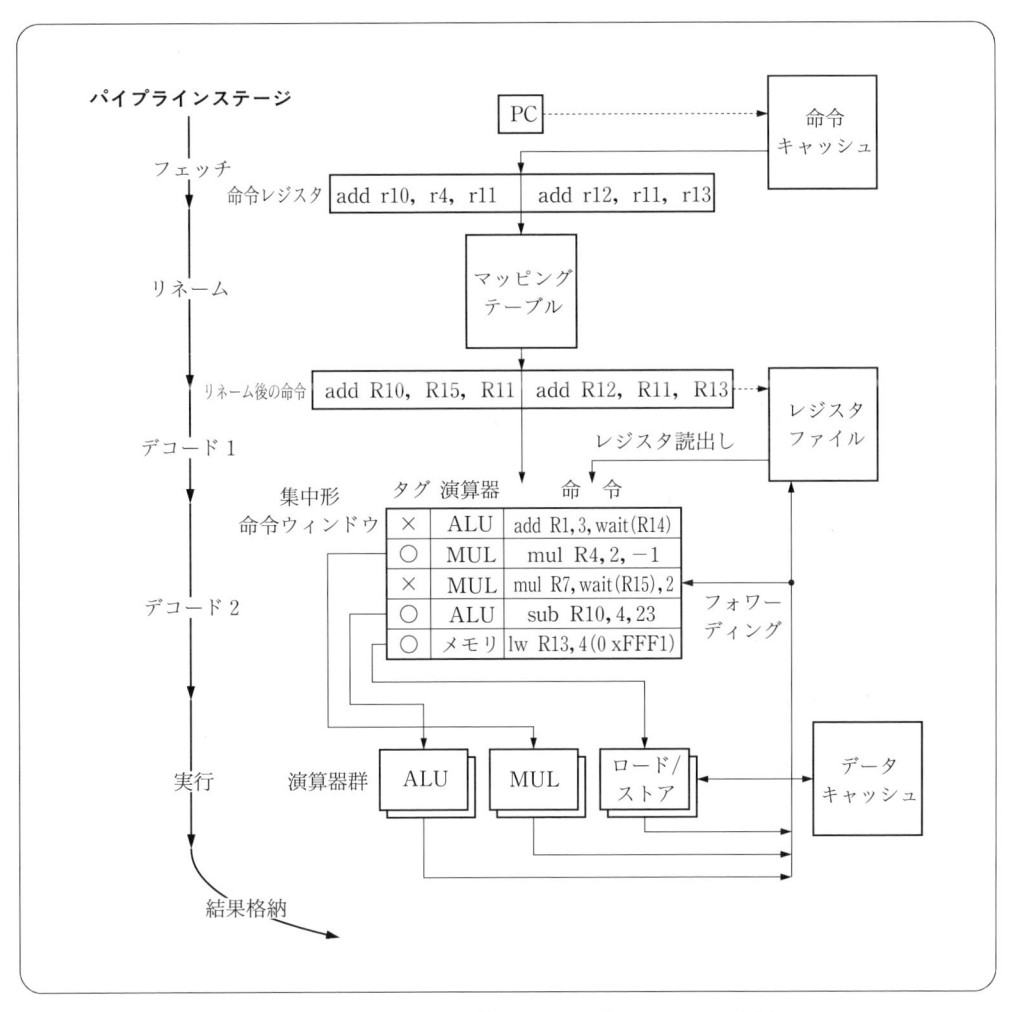

図 6.14 アウトオブオーダ処理を行うプロセッサの構成（1）

6.7.2 プロセッサの性能

あるプログラムに対するプロセッサの性能は，そのプログラムの実行時間の逆数である．これは当然のことであるが，実行時間の測定だけでは，性能を決める要因を推理したり特定したりすることはできない．そこで，実行性能をいくつかの要素に分解して，その和や積で表現することが一般的に行われる．

一つの式によってプロセッサの性能を正確に表現することはむずかしいが，例えば次のごく簡単な式 (6.1) には一般性があり，よく用いられる．

$$\text{プロセッサの性能} = \text{クロック当りの平均実行命令数} \times \text{クロック周波数} \quad (6.1)$$

「クロック当りの実行命令数」は，4 章で述べたフォワーディング，命令スケジューリン

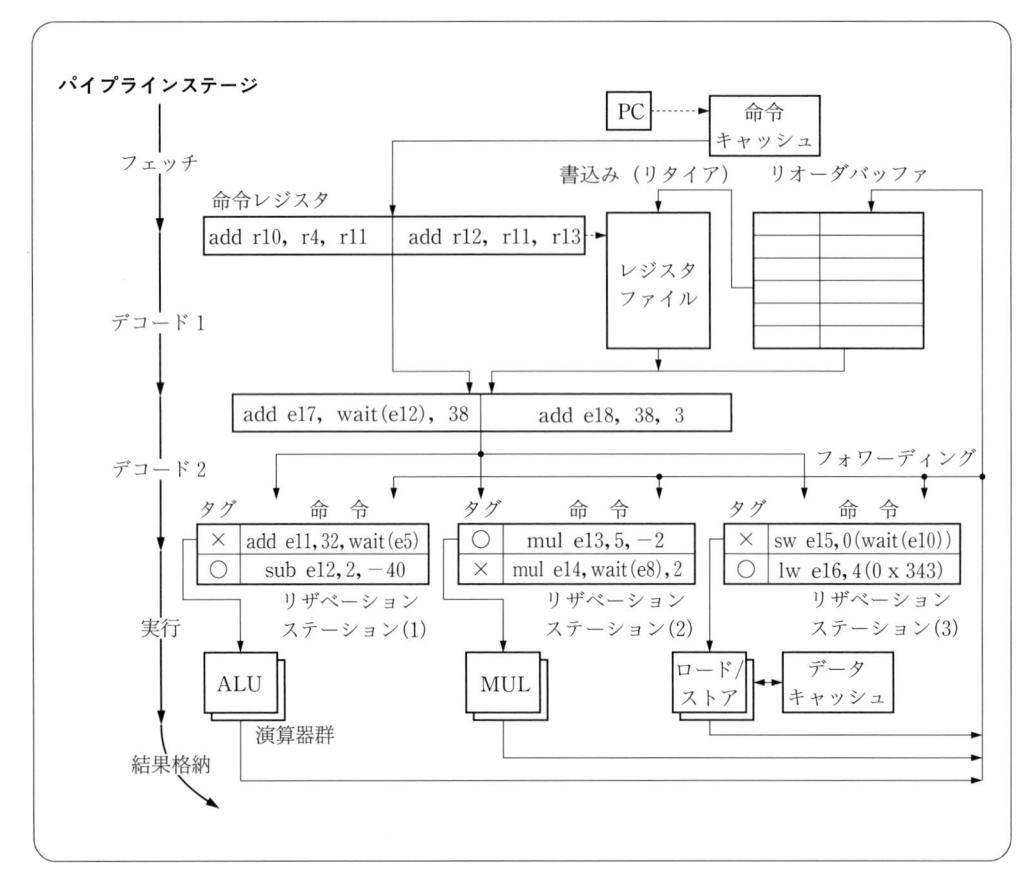

図 6.15 アウトオブオーダ処理を行うプロセッサの構成 (2)

グ，分岐予測，5章で述べたキャッシュ，本章で述べた命令レベル並列処理，アウトオブオーダ処理などによって大きくすることができる．一方で，分岐予測の失敗，キャッシュミス，TLBミス，ページフォルトや各種のハザードによって，この値は小さくなってしまう．

クロック周波数は，パイプラインの各ステージの複雑さに依存する．各ステージの動作を単純化してクロック周波数を上げることが望ましいが，結果的にパイプラインが長くなるため，分岐予測の失敗による損失が大きくなるなどの問題点がある．また，パイプラインレジスタのセットアップ時間は必ず各ステージに必要なので，ステージ当りに必要な時間には下限がある．

計算機アーキテクチャを考える際には，パイプラインステージのゲート段数を決めてクロック周波数を定めるとともに，各ステージをできるだけ有効に使う工夫が必要となる．フェッチ，リネーム，デコード，実行，書戻しという作業のうち，あるものは2ステージ・3ステージに分割することが必要になるだろうし，場合によっては設計中に二つのステージを再統合することも起こるだろう．

本章のまとめ

❶ **並列処理**　性能向上の手段．さまざまなレベルがある．

❷ **命令レベル並列処理**　プロセッサの演算器を複数設けて命令を同時実行させる並列処理方式

❸ **VLIW**　1命令の中に複数の演算を入れたアーキテクチャ．コンパイラが並列実行できる命令を決める．

❹ **スーパスカラ**　逐次形の機械語プログラムから並列性を動的に抽出し，並列実行するアーキテクチャ

❺ **静的最適化**　機械語プログラムが効率よく実行できるように，コンパイラなどによってあらかじめコードを調整しておく．

❻ **ループアンローリング**　小さなループを何個かまとめて一つのループとすることで，分岐命令によるハザードをなくす手法

❼ **ソフトウェアパイプライニング**　ループ間にまたがって命令を移動し，依存関係のある命令どうしの距離を離すことで，ハザードを起こりにくくし，並列度をあげる手法

❽ **トレーススケジューリング**　分岐予測をして複数の基本ブロックを統合し，制御依存を減らす手法

❾ **アウトオブオーダ処理**　命令を動的に入れ替えて実行効率をあげる動的スケジューリング．命令実行の順番を入れ替えるアウトオブオーダ実行と実行結果をレジスタに格納する順番を変えるアウトオブオーダ完了がある．

❿ **データ依存**　フロー依存，逆依存，出力依存の3種類がある．

⓫ **フロー依存**　命令 A で書き込んだ値を後続の命令 B で読み出すことで起こる依存関係．RAWハザードの原因となる．

⓬ **逆依存**　命令 A で読み出したレジスタ（メモリ語）に後続の命令 B が書き込みを行うことで起こる依存関係．WARハザードの原因となる．

⓭ **出力依存**　命令 A で書き込んだレジスタ（メモリ語）に後続の命令 B が再度書き込みを行うことで起こる依存関係．WAWハザードの原因となる．

⓮ **命令ウィンドウ**　アウトオブオーダ処理のための機構．デコード後の複数の命令を格納し，実行可能な命令を取り出す機構が入っている．

⓯ **リザベーションステーション**　機能ユニットごとに分散配置された命令ウィンドウ

⓰ **レジスタリネーミング**　レジスタ番号の置き換えによって，逆依存，出力依存

をなくし，並列性を向上させる手法
- ⑰ **マッピングテーブル**　レジスタリネーミングを実現する機構の一つ．命令にあらわれる論理レジスタアドレスを物理レジスタアドレスに変換する．
- ⑱ **リオーダバッファ**　連想機構をもつメモリによってレジスタリネーミングを実現する機構
- ⑲ **プロセッサの性能指標（例）**　クロック当りの平均実行命令数×クロック周波数

●理解度の確認●

問 6.1 並列性が非常に高い問題を一つと，並列性がほとんどない問題を一つあげ，それぞれどのような並列処理ができるかを述べよ．

問 6.2 ループアンローリングで，ループはできるかぎり数多く展開したほうが効率があがると思われるが，展開できる数にも限界がある．その原因は何か．

問 6.3 （例 6.2（6.5.2 項））のプログラムを図 6.14 のプロセッサで実行したときの挙動を，クロックごとに記せ．

問 6.4 （例 6.2）のプログラムを図 6.15 のプロセッサで実行したときの挙動を，クロックごとに記せ．

問 6.5 プロセッサ性能の指標として，MIPS（mega instructions per second）がよく知られている．MIPS は 1 秒当りに実行される命令の数として定義される．MIPS を用いて性能評価を行うことの利点と欠点を二つずつ記せ．

7 入出力と周辺装置

　CPU は，周辺装置（peripheral device）と情報をやりとりしながら処理を進める．本章では，周辺装置を分類し，二つの例について触れたあと，CPU と周辺装置の情報交換のやりかたについて述べる．また，本章の最後で，割込みと例外処理の一般論について学習する．

7.1 周辺装置

コンピュータの周辺装置は，ユーザとの接点となるもの，大容量の記憶装置，ネットワークとのインタフェースとなるもの，などさまざまな種類がある．本節では，周辺装置を分類し，代表的な二つをあげて解説する．

7.1.1 周辺装置の分類

表 7.1 に，代表的な周辺装置を列挙した．インターネットの発展とプロセッサ組込み機器の多様化によって，周辺装置と CPU の関係も大きく変わってきている．

表 7.1 周辺装置

入出力	装 置	相 手	データ
入力	キーボード	人 間	文字（毎秒 1〜8 字程度）
	マウス，ジョイスティック	人 間	数値（移動距離）
	マイク（音声入力）	人 間	音 声
	イメージスキャナ，OCR	人 間	静止画
	（ディジタル）カメラ	人 間	静止画
	（ディジタル）ビデオ	人 間	動 画
	センサ類	環 境	数 値
	GPS 受信装置	人工衛星	数 値
	CD-ROM，DVD-ROM	機 械	種々のデータ
出力	CRT/液晶ディスプレイ	人 間	静止画・動画
	プリンタ	人 間	記号・静止画
	スピーカ（音声出力）	人 間	音 声
入出力	フロッピーディスク	機 械	種々のデータ
	磁気ディスク	機 械	同上
	CD-RW，DVD-RAM	機 械	同上
	光磁気ディスク（MO）	機 械	同上
	磁気テープ	機 械	同上
	モデム	機 械	同上
	LAN（有線・無線）	機 械	同上

表のうち，キーボード，マウス，イメージスキャナ，CD-ROM，CRT/液晶ディスプレイ，プリンタ，磁気ディスク，モデムなどは，デスクトップコンピュータの周辺機器としてなじみ深いものである．キーボードやマウスは機械としての正確さや頑丈さ，使い心地の良さなどが大切であり，データが正確に入力されれば，速度はそれほど問われない．画像ディ

スプレイは，CRT（cathode ray tube）から液晶に推移してきたが，色の種類，解像度の大きさ，小ささなどが性能の指標となる．プリンタは，レーザビーム形とインクジェット形が代表的であり，1分当り数十ページのカラー出力ができる安価なものが出ている．

記憶装置は，速度，コスト，大きさの諸点でさまざまな種類がある．半導体を使ったものとしては，フラッシュメモリの大容量低価格化からメモリスティックが実用化された．着脱可能な記憶媒体として，CD（compact disk），DVD（digital versatile disk）が使われる．これらは当初，読出し専用メモリであったが，現在では書込みができるもの（CD-RW，DVD-RAM など）が普及しており，これによって家電のディジタル化が促進された．もちろん，磁気ディスク（magnetic disk）は現在でも大容量記憶装置の中心であり，大容量化が進んでいる．

カメラ，ビデオなどの画像入力は，コンピュータが大量のマルチメディアデータをディジタル化して扱うようになって，その重要性が増している．また，LAN（local area network）インタフェースはインターネットとの広帯域接続を目的としたものであり，パーソナルコンピュータにも有線LAN，無線LANのインタフェースが標準的につくようになった．

GPS（global positioning system）は衛星からの通信を利用して自分の位置を特定する装置で，自動車のナビゲータなどに使われる．

周辺装置をデータの送受信装置として見た場合，高いスループット，すばやい応答，実時間性，高い頻度の入出力など，それぞれに要求されるものが異なる．この多様性を満足するためのインタフェースがコンピュータに必要となる．

以下の各項では，二つの周辺装置である液晶ディスプレイと磁気ディスク装置の原理について記す．

7.1.2　液晶ディスプレイ

人間を相手としたとき，コンピュータの出力装置は，ディジタルな電気信号を，音，光，インクなどに変換するものとなる．このうち，人間が識別しやすい光の配列に変換するのがディスプレイである．ディスプレイには，ブラウン管を使ったCRTディスプレイと液晶ディスプレイがある．ここでは，液晶ディスプレイの原理を述べよう．

液晶ディスプレイ（liquid crystal display）は，CRTディスプレイに比べて奥行きが薄く，軽量で消費電力も小さいという利点をもつ．

液晶とは，その名前のとおり，液体状の結晶のことであり，液体の流動性と結晶の光学的性質を併せ持つものである．典型的な液晶ディスプレイは，**図7.1**のようなサンドイッチ状

124   7. 入出力と周辺装置

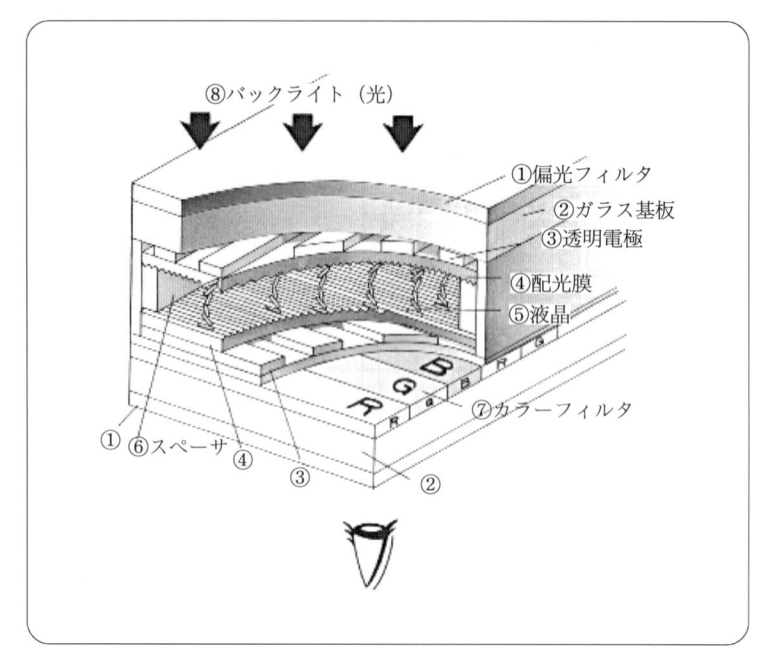

図7.1　液晶ディスプレイの構造
(資料提供：シャープ株式会社)

の構造をしている．

　図7.1では，上から偏光フィルタ，ガラス基板，電極，配向膜，液晶，配向膜，電極，カラーフィルタ，ガラス基板，偏光フィルタの順に重ねられている．光は上から入れられ，人がディスプレイを見るのは下からである．

　2枚の配向膜は，直交する向きに溝が切ってあり，電圧がかけられていないとき，液晶の分子はこの溝の方向に並んでいる．したがって，上下の膜の間の液晶の分子は90度ねじれた状態になっており，ここを通過する光も90度ねじれることになる（図7.2(a)）．一方，電圧がかけられると，液晶の分子は電界に沿って垂直に並ぶことになり，光のねじれがなくなる（図(b)）．図7.2の構造を2枚の偏光板ではさみこめば，電圧のかかった場合には光を遮断し，電圧がかからなかった場合には光を通過させる仕組みができる．この仕組みを使って，画面上の一つの点ごとに電圧をかけるかかけないかを決めてやり，望みのイメージを作り出す．一つの点に対応して一色のカラーフィルタをつけ，3点で一つの位置の色を表すようにすることで，カラーディスプレイが実現される．

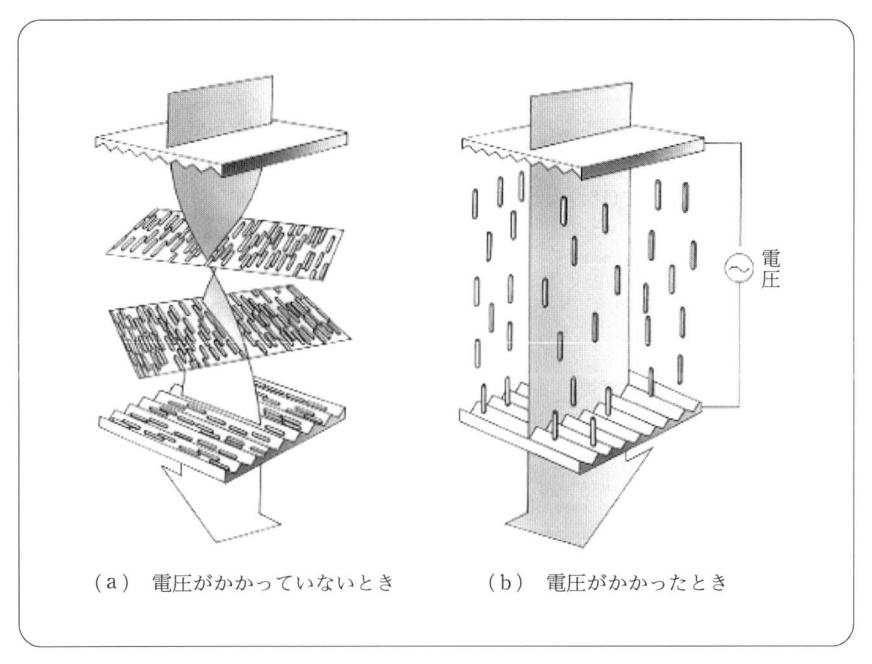

(a) 電圧がかかっていないとき　　(b) 電圧がかかったとき

図 7.2　電圧をかけることによる光の変化
(資料提供：シャープ株式会社)

7.1.3　磁気ディスク

　大容量記憶装置は，テープ状か円盤状のものが一般的である．テープ状のものは，小さな磁石（N 極と S 極の対）をテープの上に多数配置しておき，これをヘッド（head）と呼ばれる小さなデバイスが読み書きする．読出しのときは，磁界の向きによって，1 か 0 かを決める．書込みのときは，望む向きに磁化する．テープ状記憶媒体は大容量のデータの蓄積に向くが，読出しはテープを巻きながら求めるデータが出てくるのを待つ作業となり，時間がかかる難点がある．

　円盤状の記憶装置は，一般に**ディスク**（disk）と呼ばれる．ディスクの一種である CD，DVD などは円盤の表面に細かいくぼみをつけることで，0，1 を記憶する．レーザ光線をあてた場合，くぼみがなければ普通に反射するが，くぼみがあれば反射光が弱くなる，という性質を利用してデータの読出しができる．CD-ROM，DVD-ROM は読み出し専用のディスク（くぼみは機械的に一度つけられるだけ）である．CD-R，DVD-R はユーザによって一度だけ書込みができる．CD-RW，DVD-RW，DVD-RAM などは，繰り返し何度も書き換えが可能となっている．CD-RW などは，円盤表面の特定の場所にレーザ光線を照射することで相転移を起こさせ，この場所の光の反射率を変えることでデータを記憶する．

　磁気ディスクは，小さな磁石を円盤の表面に同心円状に並べたものであり，それぞれの磁

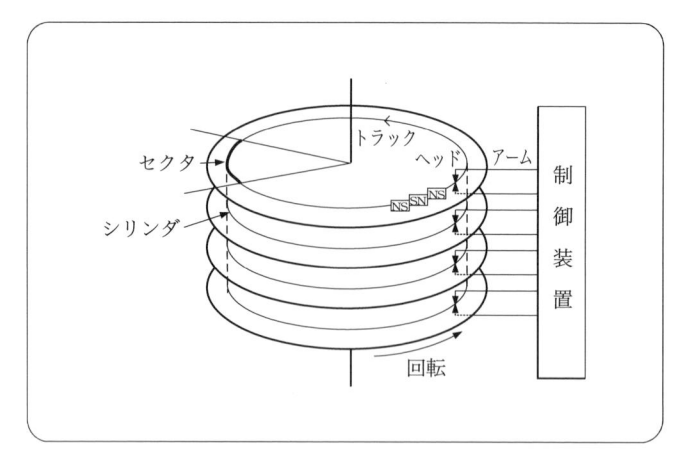

図7.3 磁気ディスクの構成と動作原理

石がN極とS極の並び方で0，1を記憶している．その構成と動作原理を図7.3に示す．

　一般に磁気ディスクは，同軸の円盤1〜N枚から成る．各円盤は表と裏が独立に磁化されており，それぞれに読み書き用のヘッドがついている．ヘッドはアーム（arm）によって支えられている．

　アームは，ディスク上でのヘッドの水平位置が皆同じになるように，動きが単純化されている．このとき，すべてのヘッドが読み書き可能なデータ領域は，筒形をなす．これを**シリンダ**（cylinder）と呼ぶ．また，各円盤の表面（または裏面）で，同心円をなす記憶領域を**トラック**（track）と呼ぶ．シリンダは，トラックをヘッダの数だけ重ねたものとなる．

　各トラックは，更に細かい**セクタ**（sector）と呼ばれる単位からなっている．ディスクアクセスの最小単位はセクタとなる．

　ディスクの操作は，①求めるトラックの位置までヘッダを移動させる，②求めるセクタの位置までディスクが回転するのを待つ，③実際にデータを読み書きする，の3段階から成る．①を**シーク**（seek），②を**ローテーション**（rotation）といい，それぞれにかかる時間を**シーク時間**，**ローテーション時間**と呼ぶ．現在の半導体メモリのアクセス時間が100 ns以下であるのであるのに対して，磁気ディスクのデータ読出し時間は10 ms以上と，動作速度には5桁以上の開きがある．

　磁気ディスクの役割は，さまざまなシステムファイルやユーザファイルの保存，データベースの保存，仮想記憶の実現などである．かつては数値や記号が主な対象であったが，大容量化に伴って，音声や動画も対象となっている．

7.2 入出力の機構と動作

本節では，プロセッサと周辺装置の接続とデータ転送機構について述べる．接続はバスを介して行われ，ポーリングや割込みを用いて転送が起動される．このとき，複数の周辺装置からの要求を調停する機構が必要になる．データ転送は，CPUを介して行う方法と，入出力制御装置と主記憶の間だけでバーストで行う方法がある．

7.2.1 ハードウェアインタフェース

図7.4に，CPUと周辺装置の接続例を示す．CPUと周辺装置の接続には，通常バスを用いる．

周辺装置とCPUの間の通信は，通常はCPUクロックには非同期で行われる．図の中で

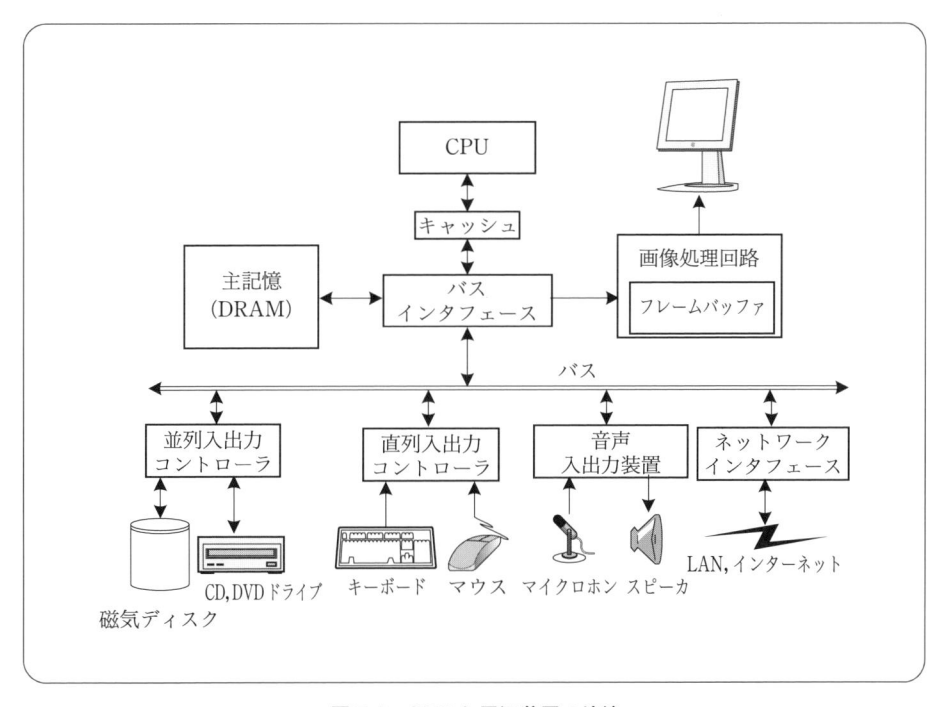

図7.4　CPUと周辺装置の接続

は，CPU と主記憶†との通信が最も高速であり，次に CPU と画像処理回路との通信が高速となる．

磁気ディスクや CD（DVD）ドライブは，1 回の転送量は多いがスループットや遅延時間は主記憶に比べて低い性能でよい．キーボードやマウスは更に低速でよい．

7.2.2 データ転送の手順

周辺装置との入出力は，7.A の手順で行われる．

7.A 入出力の手順
① ポーリングまたは割込みによる入出力の起動
② 前処理
③ 命令または DMA による主記憶・周辺装置間のデータ転送
④ 後処理

ポーリング（polling）とは，CPU が定期的に順番に周辺装置を見回って，入出力の要求があるかどうかを確認する方式である．ポーリングは実装が簡単で，CPU 側の前処理・後処理も軽くてすむが，入出力が即時的に行えない，見回りのためにむだな時間が多く使われる，といった欠点がある．

割込み（interrupt）は，周辺装置（のコントローラ）から CPU に対して割り込み信号を入れ，例外処理（7.3 節参照）を要求して，入出力を行わせるものである．割込みは CPU のハードウェアを複雑にする．また，実行中の命令列を中断することになるので，レジスタ待避やキャッシュの書き戻しなどが必要となり，前処理・後処理のオーバヘッドがかかる．一方で，ポーリングに見られる待ち時間や見回り時間の問題は解決する．

実際のデータ転送は，主記憶と周辺装置の間で行われるが，このとき，データ転送に CPU を介する方式と，介さない方式がある．CPU を介さない方式を **DMA**（direct memory access）と呼ぶ．DMA では，バスの支配権を CPU 以外のコントローラに渡すことになる．

7.2.3 割込みの調停

表 7.1 や図 7.4 に示したように，一つのバスにはたくさんの入出力機器がつながっている．これらが皆割り込みを起こす可能性がある．したがって，複数の入出力機器からの割込

---
† 主記憶は周辺装置ではない．

みに対して，一つを選ぶ作業が必要になる．これを行うのが**アービタ**（arbiter，調停器）である．

割込みには，周辺機器の役割に応じた優先度がある．また，一般に複数の周辺機器に一つの優先度が割り当てられる．したがって，周辺機器からの割込みの調停は，図7.5のようになると考えられる．

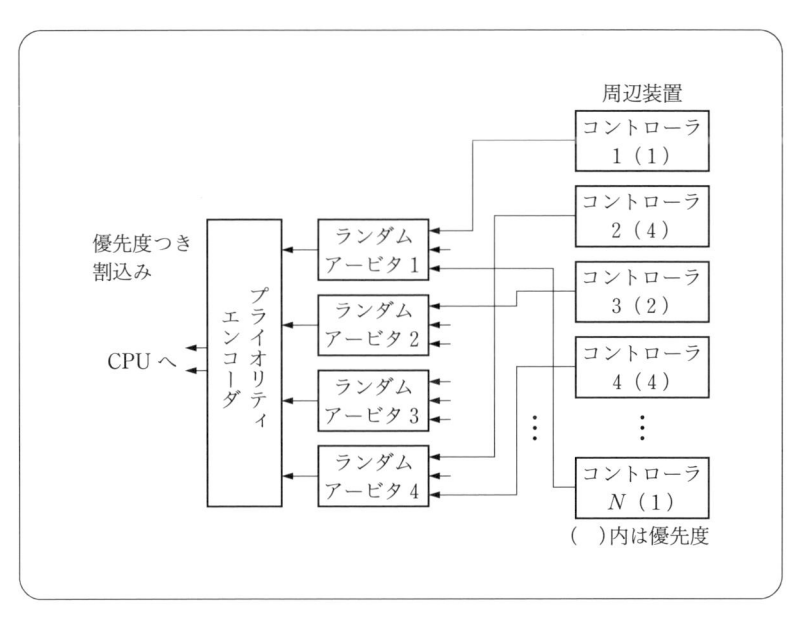

図 7.5 割込みのアービタ

図では，各優先度ごとにランダムアービタが置かれている．ランダムアービタは，同じ優先度の複数の割込み要求から一つを乱数的に選ぶもので，各要求に対する公平さが保証されている．次に，各レベルからの要求をプライオリティエンコーダに入力し，これを CPU の割込み端子に入力する．プライオリティエンコーダは，入力のうちで最高の優先度をもつものを選び，これをコード化する．CPU は，割込みを受け付ける場合に許可信号を返す．これを受けた周辺機器と CPU の間のデータ転送が始められる．

図 7.5 が一般的な調停の機構であるが，実際にはもう少し簡略化されたものを使う場合も多い．図 7.6 は，デイジーチェイン（daisy chain）方式の調停を示している．

デイジーチェインでは，各制御装置からの割込みは，ワイヤード OR を取って CPU に送られる．割込み許可信号は，図の左側の周辺装置コントローラから順番に送られる．コントローラは，許可信号がオンであって，自分が割込み要求を出している場合，割込み権を獲得して，次の装置への許可信号をオフにする．

デイジーチェイン方式は，集中形アービタを必要としない簡単な調停のやりかたであり，

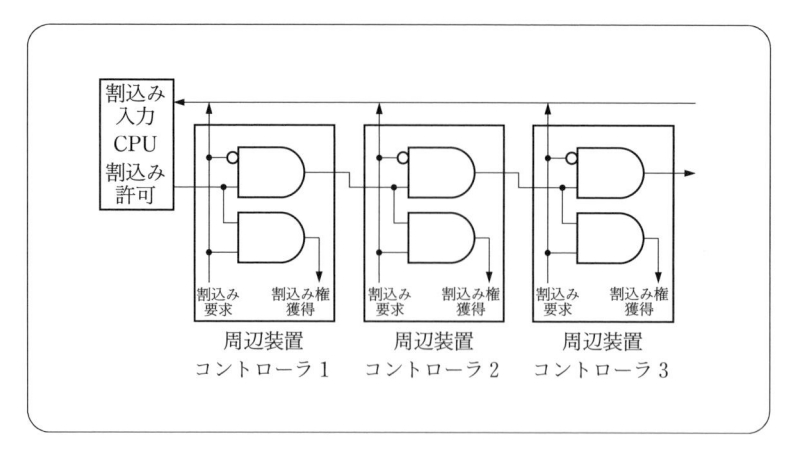

図 7.6 デイジーチェイン方式の調停

実際によく使われる．この方式の欠点は，CPU に近い装置から順番に優先度が割り振られるために公平さが保証されない点である．優先度の高い装置が処理を独占して，優先度の低い装置が永久に処理を進められない状態になる可能性を排除できない．

7.2.4 DMA

割込みが受け付けられると，CPU は周辺装置とのデータ転送を行う．これには，大きく分けて，次のようなやりかたがある（7.B）．

7.B 周辺装置とのデータ転送

① 入出力専用命令を使ってデータ読出しまたはデータ書込みを行う．
② 周辺装置にメモリアドレスを割り振り，メモリのロード/ストア命令でデータの読み書きを行う（memory mapped I/O）．
③ データ転送専用のハードウェアを使って，CPU を介さずに周辺装置と主記憶の間で読み書きを行う（DMA, direct memory Access）

---

①と②の差は，入出力専用命令があるかどうかである．ない場合は，②のようにメモリアドレス空間を一部使ってこれを実現することになる．どちらも CPU を使ったデータ転送となる．

③の DMA は，CPU を介さないデータ転送であり，一度専用ハードウェア（DMA コントローラ，DMAC）をセットして起動させれば，あとは必要な量のデータが周辺装置と主記憶の間で高速に転送される．DMA は大量のデータ転送には必須の技術である．

7.2 入出力の機構と動作

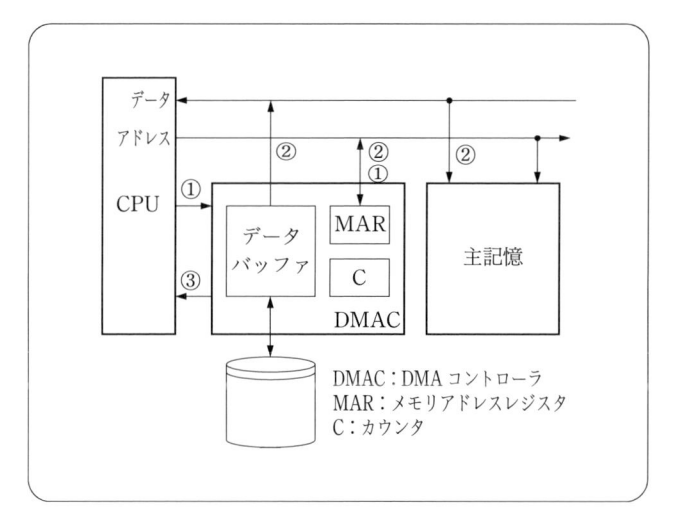

[図: CPU、DMAC（データバッファ、MAR、C）、主記憶、磁気ディスクの接続関係を示す図。DMAC:DMAコントローラ、MAR:メモリアドレスレジスタ、C:カウンタ]

図 7.7 DMA の実行手順

図 7.7 に DMA の実行手順を示す．図は，磁気ディスクから主記憶へのデータ転送について記している．

DMA の手順を 7.C に記す．7.C の番号（①など）は，図 7.9 に記した番号に対応する．

7.C　DMA の手順

① CPU が DMA コントローラ（DMAC）のメモリアドレスレジスタ（MAR），カウンタ（C）にそれぞれ DMA の開始アドレス，転送量を書き込み，DMA 転送を指示する．
② CPU はバスアクセスをやめ，DMAC がバスの主導権をとってデータ転送を行う．DMAC はアドレスバスに MAR の値を，データバスにデータバッファの値を載せ，値を主記憶に書き込む．値を書き込むたびに MAR の値を一つ増やし，C の値を一つ減らす．
③ C が 0 になったところで DMAC は転送を終了し，バスの制御を CPU に返す．

DMAC は，以上のような単純な有限状態機械であるが，入出力のデータ転送には十分に強力な道具である．更に周辺装置コントローラを汎用プロセッサとして実現する方式もある．このようなプロセッサを**入出力プロセッサ**（I/O processor）または**チャネルプロセッサ**（channel processor）と呼ぶ．入出力プロセッサは，個々の周辺装置に一つ置かれることもあるが，複数の周辺装置コントローラを束ねる形で置かれることもある．

7.3 例外処理

入出力に伴う割込みは，例外処理（exception handling）を引き起こす．本節では，入出力に限らない例外処理の一般論を述べる．コンピュータにはさまざまな例外が発生するが，その性質に応じて優先度や処理内容が定められている．

7.3.1 例外の要因

例外（exception）とは，通常のプログラムにはない処理が必要な状態のことである．7.2 節では，入出力にかかわる割込みから例外が引き起こされることを述べた．入出力以外にも例外を起こす要因は数多くある．

表 7.2 に例外の要因についてまとめて示す．

表 7.2 例外の要因と処理

分類	要因	処理
ハードウェアエラー	電源エラー バスエラー	プログラムの終了 プログラムの終了
命令実行による例外	オーバフロー ページフォールト TLB ミス アドレスエラー メモリ保護違反 未定義命令実行 システムコール（トラップ）	プログラムの終了など ページスワップ TLB エントリ読込み プログラムの終了 プログラムの終了 未定義命令処理ルーチンの実行 カーネルプログラムの実行
プログラム外割込み	入出力要求 タイマ割込み	データ転送の後復帰 プロセススイッチなど

これらには優先度がある．ふつう，ハードウェアエラーが優先度が最も高く，次に命令実行による例外，最後にプログラム外割込み，という順番になる．

7.3.2 例外処理の手順

例外処理は，7.D の手順で行う．
7.D の手順について，いくつか重要な点を以下にまとめておこう．

> **7.D 例外処理の手順**
> ① 例外処理の要因が発生したら，CPU はこれを受け付けるかどうか決める．複数の要因が重なった場合には，最も高い優先度の要因を一つ選択する．
> ② 受け付けることが決まった場合，現在実行中のプログラムの状態を待避する．具体的にはデータレジスタ，PC，状態レジスタなどをメモリ上の適切な場所に待避する．
> ③ 例外処理のカーネルプログラムを起動する．カーネルプログラムは例外の要因を知って，必要な処理（表7.2参照）を行う．
> ④ 例外処理が終わったら，必要に応じて PC などの値を復帰し，元のプログラムの実行に戻る．

①の例外を受け付けるかどうかの判断にあたっては，例外に対するマスクレジスタ（mask register）が使われる．このマスクレジスタには，各ビットが例外の優先度に対応する．これが立っているときには対応する例外は受け付けられない．マスクレジスタのセットは，カーネルプログラムの特権命令だけが可能であり，ユーザプログラムからは操作できない．

②，③，④ の手順は，通常のサブルーチンの実行（3.4節）と同じであるが，呼び出す対象がユーザプログラム内のサブルーチンではなく，カーネルプログラムとなる点が異なる．また，処理の内容も，引き数データによってではなく，例外の要因によって定められる．

例外の要因は，状態レジスタの値として渡す方式と，割込みベクタ（interrupt vector）を引き渡す方式がある．割込みベクタは，例外処理ルーチンの先頭番地（または先頭番地を内容とする分岐テーブルのインデクス）である．

本章のまとめ

❶ **周辺装置** ユーザインタフェース装置，大容量記憶装置，ネットワークインタフェース装置などさまざまな種類がある．一般に主記憶ほどの速度，応答性は要求されないが，拡張性，堅牢さ，人間との親和性など別の性質が必要とされる．

❷ **周辺装置と CPU** バスを介して結合されている．

❸ **周辺装置のデータ転送の手順** 起動，前処理，データ転送，後処理

❹ **ポーリング** CPU が定期的に順番に周辺装置を見回って，データ転送要求があるかどうかを確認する方式．機構は簡単だがむだ時間が多い．

❺ **割込み** 周辺装置から CPU に割込み信号を入れ，例外処理を強制して入出力を行わせる方式．ハードウェアが複雑になるが，効率的である．

❻ **割込みの調停** プライオリティつきのアービタを用いる．簡略化されたやりかたとして，デイジーチェイン方式などがある．

❼ **DMA** CPU を介さずに，周辺装置コントローラと主記憶の間で高スループ

ットのデータ転送を行うやりかたである．

❽ 例外の要因　ハードウェアエラー，命令実行による例外，プログラム外割込みに分類される．入出力要求はプログラム外割込みの一種である．

❾ 例外処理　カーネルプログラムのサブルーチンコール．処理内容は例外の要因によって決まる．

――●理解度の確認●――

問 7.1　表 7.1 に載っていない周辺装置を一つあげ，相手が何であるか，データはどのようなものであるか，データ転送にはどのような特徴があるか述べよ．

問 7.2　図 7.2 を「電圧がかかっているときには光を遮断する」ように使うためには，2 枚の偏光板の偏光方向は平行にするべきか，直交にするべきか述べよ．

問 7.3　1 セクタ 512 バイト，トラック当りのセクタ数 256，シリンダ数 65 536，ヘッド数 16 の磁気ディスクの記憶容量を求めよ．

問 7.4　平均シーク時間 5 ms，毎分 7 200 回転，転送速度 5 メガバイト/s，ディスクコントローラのオーバヘッド 2 ms の磁気ディスクから，512 バイトのセクタを読み出すのに要する時間を求めよ．

問 7.5　キャッシュを用いている場合，DMA 転送で周辺装置からメモリに直接データが書き込まれると問題になる場合がある．どういう場合か述べよ．

問 7.6　例外処理のためのハードウェア機構の要件を三つ以上記せ．

引用・参考文献

1) Morris Mano：Computer System Architecture, 3rd Edition, Prentice Hall (1993). (国枝博昭, 伊藤和人訳：コンピュータアーキテクチャ, 科学技術出版 (2000)).
2) David A. Patterson and John L. Hennessy：Computer Organization and Design, 2nd Edition, Morgan Kaufman (1998). (成田光彰訳：コンピュータの構成と設計——ハードウェアとソフトウェアのインタフェース——, 日経BP (1999)).
3) John L. Hennessy and David A. Patterson：Computer Architecture：A Quantitative Approach, 3rd Edition, Morgan Kaufman (2002). (初版のみ邦訳 富田眞治, 村上和彰, 新實治男：コンピュータ・アーキテクチャ, 日経BP (1992)).
4) 馬場敬信：コンピュータ・アーキテクチャ (改訂2版), オーム社 (2000).
5) 富田眞治：コンピュータアーキテクチャ (1), 丸善 (1994).
6) 中澤喜三郎：計算機アーキテクチャと構成方式, 朝倉書店 (1995).
7) 柴山 潔：コンピュータアーキテクチャの基礎, 近代科学社 (2003).
8) Mike Johnson：Superscalar Microprocessor Design, Prentice Hall (1991). (村上和彰, 吉田 亮, 佐藤三久訳：スーパスカラ・プロセッサ, 日経BP (1994)).

理解度の確認；解説

(1 章)

問 1.1　解表 1.1

解表 1.1

(a)

X	Y	S	C_{out}
0	0	0	0
0	1	1	0
1	0	1	0
1	1	0	1

(b)

X	Y	C_{in}	S	C_{out}
0	0	0	0	0
0	0	1	1	0
0	1	0	1	0
0	1	1	0	1
1	0	0	1	0
1	0	1	0	1
1	1	0	0	1
1	1	1	1	1

以上，真理値表により確認された．

問 1.2　$S/\overline{A} = 0$ のとき，$C_{in} = 0$，加算器の Y 入力はそのまま Y が入ることになり，加算器として動作する．$S/\overline{A} = 1$ のとき，$C_{in} = 1$，加算器の Y 入力は $\overline{Y}$ が入ることになり，Y の 2 の補数を加えることになるから減算器として動作する．

問 1.3　（1）clock＝0 のとき：P_2, P_3 がそれぞれ 1 になり，G_5, G_6 の状態は保持される．つまり，このときは入力は取り込まれず，出力 Q は変化しない．

（2）clock が 0 から 1 になるとき：このとき，$D = d$ であったとする．clock が立ち上がる直前には，P_2, P_3 はもともと 1 であるから，$P_4 = \overline{d}$, $P_1 = d$ となっている．ここで clock＝1 となると，$P_2 = \overline{d}$, $P_3 = d$ となり，これらが G_5, G_6 に入力されて，$Q = d$, $\overline{Q} = \overline{d}$ となる．

（3）clock＝1 の間：仮に入力データが反転し，$D = \overline{d}$ となったとしよう．すると，$P_4 = 1$, $P_1 = d$, $P_2 = \overline{d}$, $P_3 = d$ となり，G_5, G_6 に変化はなく，出力は $Q = d$, $\overline{Q} = \overline{d}$ のままである．すなわち，この回路は，立上り以外では D の影響を受けない（D がロックアウトされる）ことが示された．

以上から，図 1.14 の回路は，クロックの立上りだけで入力 D が取り込まれ，状態・出力が変えられるエッジトリガ形 D フリップフロップであることが示された．

問 1.4　レジスタからのデータを必要としているのは，ALU の二つの入力であり，それぞれに一つずつレジスタを選んでやらなくてはならない．$\overline{OE}$ だけでは，どちらの入力に入れるのかの選択ができないため．

(2 章)

問 2.1　メモリが大容量化するのは，基本素子が小形化するからであり，これに伴ってデコーダの

基本素子も小形化し，素子当りの遅延は小さくなる．この効果がデコーダのゲート段数が増える欠点を補うから．

問 2.2 題意と図 1.10 から，求めるデコーダの真理値表は，**解表 2.2** のようになる．

解表 2.2

OP_2	OP_1	OP_0	S_3	S_2	S_1	S_0	M	$\overline{C}_{in}$
0	0	0	1	0	0	1	0	0
0	0	1	0	1	1	0	0	1
0	1	0	1	0	1	1	1	*
0	1	1	1	1	1	0	1	*
1	*	*	0	0	0	0	1	*

＊はワイルドカード（0 でも 1 でもよい）

これより

$$S_3 = \overline{OP_2} \cdot OP_1 + \overline{OP_2} \cdot \overline{OP_0}$$
$$S_2 = \overline{OP_2} \cdot OP_0$$
$$S_1 = \overline{OP_2} \cdot OP_1 + \overline{OP_2} \cdot OP_0$$
$$S_0 = \overline{OP_2} \cdot \overline{OP_0}$$
$$M = OP_1 + OP_2$$
$$\overline{C}_{in} = OP_0$$

となる．回路図として描くと，**解図 2.2** のようになる．

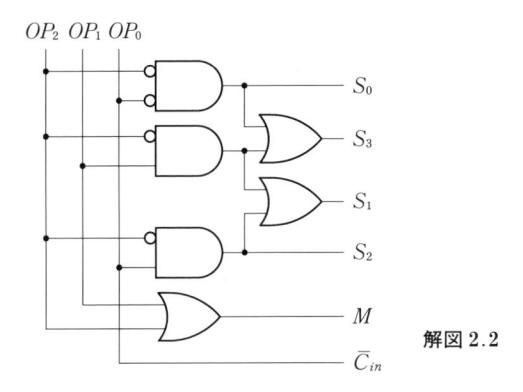

解図 2.2

問 2.3 解図 2.3
① 命令フェッチ　命令メモリから図 2.7 (b) の形式の命令を読み込む．
② 命令デコード　命令デコーダでメモリの制御信号であるチップ選択信号と読出し/書込み信号を生成する．メモリアドレスを生成する（ここでは命令レジスタから取り出すだけ）．更に，書き込むデータの入っているレジスタアドレスを生成する．
③ 演算実行　メモリ制御信号とアドレスをもとに，レジスタからデータメモリに対象とする語を書き込む．
④ 結果の格納　何もしない．
なお，③では制御信号とデータを送るだけにとどめ，データの書込みは④で行う，としてもよい．

解図 2.3

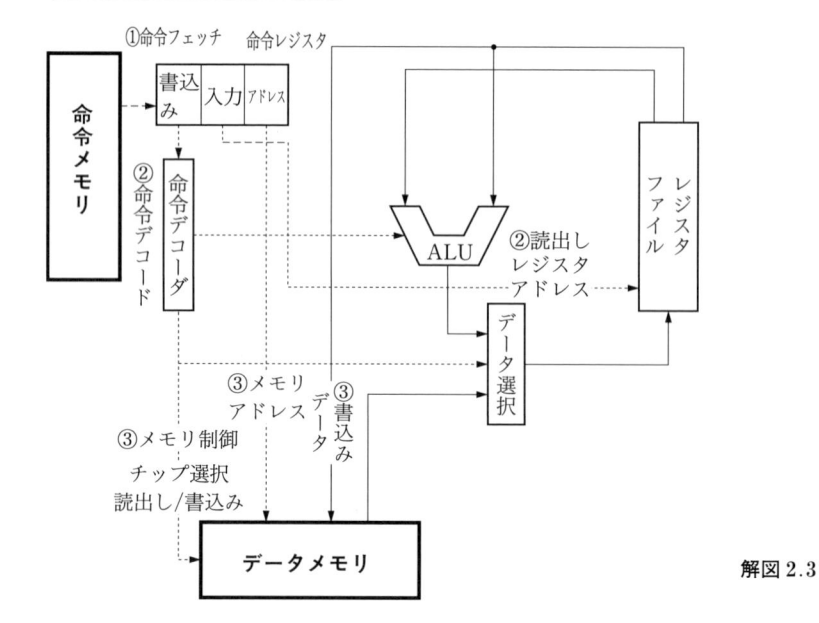

問 2.4 命令をランダムに配置すると，各命令の直後に無条件分岐命令を置かなければならなくなり，実行時間が大幅に増え，命令メモリの容量も 2 倍近く必要となる．

(3 章)

問 3.1 解表 3.1

解表 3.1

項　目	(1)	(2)	(3)
命令セットの大きさ	△(+4)	◎(+1)	△(+4)
実行命令数	◎(1)	×(2)	○(1 or 2)
1命令の実行時間	×(blt は長い)	◎	○(beq はやや長い)

この表から(3)が妥協的な方法であることが分かるであろう．

問 3.2　xor r1 r1 r1

で r1 に 0 が入る．この方法は，0 生成のたびに一つの命令を実行しなければならないが，ゼロレジスタの必要がなくなるので，レジスタ数が実質一つ増えるという利点がある．

問 3.3　lui を使った方法は，3.C(b)を使った方法と比較して，定数生成に要する命令数が 3 から 2 に削減される利点がある．ただし，命令セットを 1 命令分大きくすることと，lui のために特殊なデータパスを用意しなければならない問題点がある．

問 3.4　次の命令列で実現される．

   xor r1, r1, r2   (1)
   xor r2, r1, r2   (2)
   xor r1, r1, r2   (3)

理由を簡単に示そう．

最初の時点のr1とr2のi番目のビットをa, bとする．以下，すべてi番目のビットに注目すると，次式のようになる．

$$r1[i] = a \oplus b \tag{1}$$
$$r2[i] = (a \oplus b) \oplus b = a \oplus (b \oplus b) = a \tag{2}$$
$$r1[i] = (a \oplus b) \oplus a = (a \oplus a) \oplus b = b \tag{3}$$

よって，aとbが入れ換わった．任意の1ビットが入れ換わるので，r1とr2の内容が入れ換わったことになる．

(4 章)

問 4.1 優れている点
- ALUをメモリアドレス算出のために用いることができ，データの流れが単純化される．
- ステージ当りの処理量（特にDステージ）が減らせるので，クロックは4段のものに比べて速くなる可能性が高い．

劣っている点
- パイプラインレジスタとフォワーディング機構のためのハードウェアの量が増える．
- ハザードによる性能低下が大きくなる．

問 4.2
- ハードウェア量が増えること．
- フォワーディングによってパイプラインステージの実行時間が増す可能性があること．

問 4.3 状態01からはじまったとする．この分岐命令がT（分岐する），NT（分岐しない），T, NTと交互に繰り返すときに，分岐予測はすべて失敗する

問 4.4 入れ換えられない．

理由：(r2)と(r4)+5が同じ値となった場合，この二つの命令のメモリアドレスは同じものとなるため，二つの命令にはデータ依存関係ができる．このとき

  lw r1, 0(r2)
  sw r3, 5(r4) → r1には，メモリのアドレス(r2)に最初から入っていた値が入る．
  sw r3, 5(r4)
  lw r1, 0(r2) → r1には，もとのr3の値が入る．

となって，命令を入れ換えると計算結果が異なってくる．

(5 章)

問 5.1 命令語を書き換えることで，プログラムが書き換えられること．プログラムの書き換えを許す場合でも，命令キャッシュとデータキャッシュの間で不整合が生じる場合がある．

問 5.2 $T_p = N \dfrac{1 + r_{ls} \cdot r_1 \cdot t_1 + r_{ls} \cdot r_2 \cdot t_2}{C}$

問 5.3 $(1 + r_{ls} \cdot r_1 \cdot t_1 + r_{ls} \cdot r_2 \cdot t_2)$の値を求めればよい．**解表 5.3** のようになる．

この表からいえることは，一次キャッシュと主記憶の速度差が大きいとき（事例3）には，二次キャッシュを設けることで，キャッシュミスのペナルティを大幅に軽減することができる（事例4）ということである．事例2，事例4の比較によって，この場合には，

解表 5.3

事例	一次キャッシュ ミス率 r_1	一次キャッシュ ミスペナルティ t_1	二次キャッシュ ミス率 r_2	二次キャッシュ ミスペナルティ t_2	実行時間 相対値
事例 1	0	—	—	—	1
事例 2	0.05	10	0	—	1.15
事例 3	0.05	40	0	—	1.6
事例 4	0.05	10	0.001	100	1.18

二次キャッシュの速度で主記憶が動作している場合と同程度の性能が出ていることが分かる．

問 5.4　ページサイズが 4 キロバイトなので，ページ内オフセットは，$\log_2 4\,096 = 12$ ビットであり，ページアドレスは，$32 - 12 = 20$ ビットとなる．したがって，ページテーブルのエントリ数は，$2^{20} = 1$ M（メガ）である．

　　　　物理アドレスが 30 ビットのときには，各エントリの大きさは，$1 + 1 + 30 = 32$ なので，テーブルの大きさは，$2^{20} \times 32 = 32$ メガビット $= 4$ メガバイトとなる．

問 5.5　ページ内オフセットは $\log_2 4\,096 = 12$ ビット．このうち 2 ビットが語内のバイトを特定するのに使われ，別の 2 ビットがキャッシュライン内の語を特定するのに使われる．したがって，キャッシュアクセスに使われるのは 8 ビットである．キャッシュが 2 ウェイであるから，キャッシュラインは，$2^8 \times 2 = 512$ 個あることになる．

　　　　一つのキャッシュライン当りに必要なビットは次のようになる．

　　　　有効：　　　　　　　　　　　　1 ビット
　　　　タグ：物理ページアドレスなので，　19 ビット
　　　　データ語：　　　　　　　$32 \times 4 = 128$ ビット
　　　　─────────────────────────
　　　　計　　　　　　　　　　　　　148 ビット

よって，$512 \times 148 = 9.47$ キロバイトである．

(6 章)

問 6.1　並列性が高い問題としては，大規模な行列の加算や積算，ゲーム木の探索，FFT，ソーティングなど．命令レベル，ループレベル，関数（手続き）レベルの並列性が利用できる．

　　　　並列性が低い問題としては，一次元リンクリスト上の探索，非数値処理など．複数の処理単位を同時に投機するなどして並列度を上げると，実行時間が短くなる場合がある．

問 6.2　レジスタ数，命令キャッシュの容量，ループの周回数の上限．アーキテクチャによっては，命令 TLB の容量も原因となる．

問 6.3 及び問 6.4　各クロックにつき，プログラムカウンタ，命令レジスタ，レジスタファイル，マッピングテーブル，リオーダバッファ，命令ウィンドウ（リザベーションステーション）の中身がどうなったかを追う．

問 6.5　良い点としては，単純で測定が比較的容易なこと，直観に訴えやすいこと，クロック当りではなく，絶対時間当りの性能であること．

　　　　悪い点としては，第一に，命令セットの作り方で意味するものが変化すること．1 命令でできる処理を複雑なものにすれば，MIPS 値は下がるが，プログラム全体で実行する命

令数は減るため，MIPS 値が低いほうが性能が高い場合がある．第二に，プログラムによって MIPS 値が変わること．

(7 章)

問 7.1 ユーザ認証用の指紋読取り装置．相手は人間．データは画像．ユーザを待たせない高い応答性が要求されるため，データ転送が応答性のネックにならないようにしなければならない．

問 7.2 直交にすべきである．この場合，電圧がかかっていないときには光が 90 度ねじれるので，透過するが，電圧がかかると光はねじれないので遮断される．

問 7.3 全部の値をかけあわせて 128 ギガバイト

問 7.4 求める時間は次のようになる．

$$5\,[\text{ms}] + \frac{0.5}{7\,200/60\,[\text{回転/s}]} + 2\,[\text{ms}] + \frac{512\,[バイト]}{5\,[メガバイト/s]}$$
$$= 5 + 4.2 + 2 + 0.1 = 11.3 \quad \text{ms}$$

問 7.5 DMA の書き込み先とキャッシュラインの主記憶上のアドレスが同じであったときに，不整合が生じる．

問 7.6 （1） 必要かつ十分な処理を正確で効率よい方法で行うこと．
（2） 他の処理に副作用を及ぼさないこと．
（3） 例外の発生しない場合の処理効率やクロック周波数に悪影響を及ぼさないこと．
（4） ハードウェア量が大きくなりすぎないこと．

あとがき

　本書では，コンピュータの基本構成と動作原理について述べた．読み通した読者は，コンピュータの中身が何であるのか，ご理解いただけたと思う．

　高度な投機処理，ベクトルパイプライン，マルチプロセッサ，省電力アーキテクチャなどについては触れなかった．これらは，先進的なアーキテクチャの教科書や論文によって学んでいってほしい．同時にコンパイラやOSの技術についても深い知見を身につけてほしい．

　コンピュータの進歩を支えているのは，半導体デバイス技術の進歩やコンパイラなどソフトウェア技術の発展とともに，アーキテクチャの技術である．アーキテクチャとは，命令セットの設計と構成法を指す．

　アーキテクチャの設計者を**アーキテクト**という．この世界には英雄というべきコンピュータアーキテクトが何人もおり，私なども，彼らを畏敬と感謝の気持ちをもって語ることが大好きな1人である．ただし，この教科書では彼らの名前を1人もあげなかった．人や製品の実名をあげるとバイアスがかかって，記述の純度が下がる．それを怖れたからだ．

　しかし，次のことは強調しておかなければならないだろう．IT全盛の時代にあって見失いがちであるが，コンピュータアーキテクチャは天与のものではない．ここ半世紀の技術者・研究者たちが知恵を振り絞り，究極の手間をかけて成ったものである．コンピュータの専門家をめざす諸君は，アーキテクチャを固定したものと考えるのではなく，毎年毎月大きな改良が加えられ，ときに革命が起こる分野と理解してほしい．コンピュータアーキテクトをめざす諸氏は，本書を改良・革命のための最初の一歩としていただければ幸甚である．

索引

【あ】
アウトオブオーダ完了 ……106
アウトオブオーダ実行 ……106
アウトオブオーダ処理 ……106
アセンブリ言語 …………35
アドレシング ……………41
アドレス …………………17
アドレス線 ………………18
アナログな表現 ……………2
アービタ …………………129
アーム ……………………126

【い】
依存関係 …………………58
イメージスキャナ ………122
インオーダ処理 …………106
インデックス ……………75

【え】
エイリアス ………………88
液晶 ……………………123
液晶ディスプレイ ………123
エッジトリガ形 D フリップフロップ ……………11
演算結果フラグ …………29
演算実行 …………………53

【お】
オーバヘッド ……………56
オペランド ………………32

【か】
解釈 ………………………25
返り値 ……………………45
書込み ……………………17
書込み可能ビット ………85
加減算器 …………………9
加算 ………………………7
仮想アドレス …………84, 85
仮想記憶 …………………83
仮想ページアドレス ……85
カーネルプログラム ……133

【き】
記憶装置 …………………11
キーボード ………………122
基本ブロック ……………105
基本命令パイプライン …53
逆依存 ……………………108
キャッシュ ………………73
キャッシュブロック ……74
キャッシュミス …………77
キャッシュミス率 ………78
キャッシュライン ………74
競合性ミス ………………77
共通命令 …………………63
局所性 ……………………71

【く】
空間的局所性 ……………72
組合せ回路 …………………6
組合せ論理回路 ……………6
クロック …………………11

【け】
計算 ………………………17
桁上げ ……………………7
結果の格納 ………………53
減算 ………………………9

【こ】
語 …………………………3
構造ハザード ………57, 99
互換性 ……………………90
語長 ………………………3
固定小数点 …………………4
コーラセーブ方式 ………45
コーリセーブ方式 ………45
コンピュータ ………………3

【さ】
最下位のバイト …………43
最上位のバイト …………43
サブルーチン ……………44
算術演算命令 ……………35
算術論理演算命令 ………24
算術論理ユニット …………9

【し】
時間的局所性 ……………72
しきい値 ……………………2
磁気ディスク ………122, 125
シーク ……………………126
シーク時間 ………………126
シーケンサ ………………27
実行時間 …………………52
実行履歴 …………………105
実数 ………………………4
シフタ ……………………36
シフト命令 ………………37
ジャンプ命令 ……………28
周辺装置 …………………122
主記憶 ……………………80
主記憶装置 ………………17
10 進数 ……………………3
出力依存 …………………108
消去 ………………………64
条件分岐命令 ………28, 39
乗算器 ……………………36
初期参照ミス ……………77
除算器 ……………………36
ショートカット …………60
シリンダ …………………126
真理値表 ……………………6

【す】
スタック …………………46
スタックポインタ ………46
ステージ …………………53
ストア命令 ………………38
ストール …………………57
スーパスカラ ……………98
スループット ……………52

【せ】
制御依存 …………………59
制御線 ……………………18
制御ハザード ………59, 100
制御フローグラフ ………105
制御用フラグビット ……85
生産者-消費者 …………58
静的最適化 ………………100
セクタ ……………………126
セット ……………………79
セットアソシアティブ形キャッシュ ……………79
ゼロレジスタ ……………43

【そ】

操作 …………………………… 32
操作コード ……………… 24, 32
操作の対象 …………………… 32
即 値 …………………………… 32
ソースオペランド …………… 32
ソフトウェアパイプライニング
　……………………………… 104

【た】

大域履歴レジスタ …………… 65
ダイレクトマップ形キャッシュ
　………………………………… 75
タ グ …………………………… 75

【ち】

遅延分岐 ……………………… 62
置数器 ………………………… 12
チャネルプロセッサ ………… 131
直列形物理アドレスキャッシュ
　………………………………… 87

【て】

ディジタルコンピュータ ……… 3
ディジタルな表現 ……………… 2
デイジーチェイン …………… 129
ディスク …………………… 125
デコーダ ……………………… 18
デコード ……………………… 25
デスティネーションオペランド
　………………………………… 32
データ依存 …………………… 58
データキャッシュ …………… 80
データ線 ……………………… 18
データ遅延 ………………… 108
データハザード ………… 58, 99
データメモリ ………………… 24

【と】

透過性 ………………………… 72
動的スケジューリング …… 106
トラック …………………… 126
トレース …………………… 105
トレーススケジューリング 105

【な】

74181形 ALU ………………… 9

【に】

2進数 …………………………… 3
2の補数 ………………………… 4
入出力プロセッサ ………… 131
2レベル適応形予測器 ……… 65

【は】

バイトアドレシング ………… 43
バイパシング ………………… 60
パイプライン ………………… 52
パイプラインハザード ……… 57
パイプラインレジスタ ……… 55
ハザード ……………………… 57
番 地 …………………………… 17

【ひ】

引き数 ………………………… 45
ビッグエンディアン ………… 43
ビット …………………………… 3
ヒューズ ROM ……………… 19

【ふ】

フィールド …………………… 24
フォワーディング …………… 60
ブックキーピング ………… 105
プッシュ ……………………… 46
物理アドレス ………………… 84
物理ページアドレス ………… 85
物理レジスタアドレス …… 114
浮動小数点 …………………… 4
浮動小数点演算器 …………… 36
負の数 ………………………… 4
プライオリティエンコーダ 129
フラッシュ …………………… 64
フラッシュメモリ …………… 20
ブランチ命令 ………………… 28
フリップフロップ …………… 11
プリンタ …………………… 122
フルアソシアティブ形キャッシュ
　………………………………… 78
フロー依存 ………………… 108
プログラム …………………… 23
プログラムカウンタ ………… 27
プログラム格納形コンピュータ
　………………………………… 27
プロセッサの性能 ………… 117
プロファイル ……………… 105
分岐命令 ……………………… 39
分岐予測 ……………………… 64
分岐履歴テーブル …………… 65

【へ】

並列形物理アドレスキャッシュ
　………………………………… 88
並列処理 ……………………… 94
ページ ………………………… 84
ページテーブル ……………… 84
ページテーブルレジスタ …… 85
ページ内オフセット ………… 85

【ほ】

ページフォールト …………… 85
ヘッド ……………………… 125

【ほ】

補数表示 ……………………… 4
ポップ ………………………… 46
ポート ………………………… 22
ポーリング ………………… 128

【ま】

マイクロプロセッサ …………… 3
マウス ……………………… 122
マスク ROM ………………… 19
マスクレジスタ …………… 133
マッピングテーブル ……… 114

【み】

ミスペナルティ ……………… 82
三つの C ……………………… 77

【む】

無条件分岐命令 ………… 28, 39

【め】

命 令 …………………………… 23
　――の表現形式 …………… 32
命令ウィンドウ …………… 110
命令キャッシュ ……………… 80
命令形式 ……………………… 32
命令語 ………………………… 23
命令スケジューリング ……… 66
命令デコーダ ………………… 25
命令デコード ………………… 53
命令パイプライン …………… 53
命令フェッチ …………… 24, 53
命令プリデコード …………… 99
命令ポストデコード ………… 99
命令メモリ …………………… 24
命令レジスタ ………………… 24
メインメモリ ………………… 80
メモリ ………………………… 11
　――の語 …………………… 18
メモリ操作命令 ……………… 24

【も】

モデム ……………………… 122

【ゆ】

有効ビット …………………… 85

【よ】

容量性ミス …………………… 77
読出し ………………………… 17

【ら】

ライトスルー方式 …………74
ライトバック方式 …………74
ライトバッファ ……………75
ライン ………………………74
ランダムアービタ …………129

【り】

リオーダバッファ …………114
リザベーションステーション 111
リタイア ……………………115
リトルエンディアン …………43

【る】

ループアンローリング ………101

【れ】

例　外 ………………………132
例外処理 ……………………132
レジスタ ……………………12
レジスタファイル ……………21
レジスタリネーミング ………112
レーテンシ …………………108
連想度 …………………………79
連想メモリ …………………114

【ろ】

ローテーション ……………126
ローテーション時間 ………126
ロード命令 …………………38
論理演算命令 ………………35
論理関数 ………………………6
論理レジスタアドレス ……114

【わ】

ワード ………………………18
割込み ………………………128
割込みベクタ ………………133

【A】

A ウェイのセットアソシアティブ形キャッシュ …………79
ALU ……………………………9

【C】

CD ……………………………123
CD-ROM ……………………122
CD-RW ………………………123
CISC ……………………………48
CRT ……………………………123
CRT/液晶ディスプレイ ……122

【D】

D フリップフロップ …………11
DMA …………………………128
DMA コントローラ …………130
DRAM …………………20, 21
DVD …………………………123
DVD-RAM ……………………123

【E】

EEPROM ………………………20
EPROM …………………………20

【G】

GPS ……………………………123

【J】

JK フリップフロップ …………11

【L】

LAN ……………………………123
LRU ……………………………80

【M】

MIPS …………………………120

【N】

n ビットレジスタ ……………12

【O】

OS ………………………………86

【P】

PROM …………………………19

【R】

RAM ……………………………19
RAW ハザード ………………109
RDRAM …………………………21
RISC ……………………………48
ROM ……………………………19

【S】

SDRAM …………………………21
SRAM …………………20, 21

【T】

TLB ……………………………86

【U】

UVEPROM ……………………20

【V】

VLIW …………………………96

【W】

WAR ハザード ………………109
WAW ハザード ………………109

―― 著者略歴 ――

坂井 修一（さかい しゅういち）
1986年　東京大学大学院工学系研究科博士課程修了（情報工学専門課程）
　　　　工学博士（東京大学）
2001年　東京大学教授
2024年　東京大学名誉教授

コンピュータアーキテクチャ
Computer Architecture　　　　　　　　　　© 一般社団法人　電子情報通信学会　2004

2004年3月31日　初版第1刷発行
2025年2月15日　初版第22刷発行

検印省略	編　者	一般社団法人 電 子 情 報 通 信 学 会 https://www.ieice.org/
	著　者	坂　井　修　一
	発 行 者	株式会社　コ ロ ナ 社 代 表 者　牛来真也
	印 刷 所	壮光舎印刷株式会社
	製 本 所	株式会社　グ リ ー ン

112-0011　東京都文京区千石 4-46-10
発行所　株式会社 コ ロ ナ 社
CORONA PUBLISHING CO., LTD.
Tokyo Japan
振替00140-8-14844・電話(03)3941-3131(代)
ホームページ　https://www.coronasha.co.jp

ISBN 978-4-339-01843-1　　C3355　　Printed in Japan

本書のコピー，スキャン，デジタル化等の無断複製・転載は著作権法上での例外を除き禁じられています。
購入者以外の第三者による本書の電子データ化及び電子書籍化は，いかなる場合も認めていません。
落丁・乱丁はお取替えいたします。

電子情報通信レクチャーシリーズ

(各巻B5判, 欠番は品切または未発行です)

■電子情報通信学会編

配本順			共通		頁	本体
A-1	(第30回)	電子情報通信と産業		西村 吉雄 著	272	4700円
A-2	(第14回)	電子情報通信技術史 ―おもに日本を中心としたマイルストーン―		「技術と歴史」研究会編	276	4700円
A-3	(第26回)	情報社会・セキュリティ・倫理		辻井 重男 著	172	3000円
A-5	(第6回)	情報リテラシーとプレゼンテーション		青木 由直 著	216	3400円
A-6	(第29回)	コンピュータの基礎		村岡 洋一 著	160	2800円
A-7	(第19回)	情報通信ネットワーク		水澤 純一 著	192	3000円
A-9	(第38回)	電子物性とデバイス		益川 一哉 天川 修平 共著	244	4200円

			基礎			
B-5	(第33回)	論理回路		安浦 寛人 著	140	2400円
B-6	(第9回)	オートマトン・言語と計算理論		岩間 一雄 著	186	3000円
B-7	(第40回)	コンピュータプログラミング ―Pythonでアルゴリズムを実装しながら問題解決を行う―		富樫 敦 著	208	3300円
B-8	(第35回)	データ構造とアルゴリズム		岩沼 宏治 他著	208	3300円
B-9	(第36回)	ネットワーク工学		田中 敬介 村野 裕 仙石 正和 共著	156	2700円
B-10	(第1回)	電磁気学		後藤 尚久 著	186	2900円
B-11	(第20回)	基礎電子物性工学 ―量子力学の基本と応用―		阿部 正紀 著	154	2700円
B-12	(第4回)	波動解析基礎		小柴 正則 著	162	2600円
B-13	(第2回)	電磁気計測		岩﨑 俊 著	182	2900円

			基盤			
C-1	(第13回)	情報・符号・暗号の理論		今井 秀樹 著	220	3500円
C-3	(第25回)	電子回路		関根 慶太郎 著	190	3300円
C-4	(第21回)	数理計画法		山下 信雄 福島 雅夫 共著	192	3000円

配本順			頁	本体
C-6 (第17回)	インターネット工学	後藤滋樹／外山勝保 共著	162	2800円
C-7 (第3回)	画像・メディア工学	吹抜敬彦 著	182	2900円
C-8 (第32回)	音声・言語処理	広瀬啓吉 著	140	2400円
C-9 (第11回)	コンピュータアーキテクチャ	坂井修一 著	158	2700円
C-13 (第31回)	集積回路設計	浅田邦博 著	208	3600円
C-14 (第27回)	電子デバイス	和保孝夫 著	198	3200円
C-15 (第8回)	光・電磁波工学	鹿子嶋憲一 著	200	3300円
C-16 (第28回)	電子物性工学	奥村次徳 著	160	2800円

展開

			頁	本体
D-3 (第22回)	非線形理論	香田徹 著	208	3600円
D-5 (第23回)	モバイルコミュニケーション	中川正雄／大槻知明 共著	176	3000円
D-8 (第12回)	現代暗号の基礎数理	黒澤馨／尾形わかは 共著	198	3100円
D-11 (第18回)	結像光学の基礎	本田捷夫 著	174	3000円
D-14 (第5回)	並列分散処理	谷口秀夫 著	148	2300円
D-15 (第37回)	電波システム工学	唐沢好男／藤井威生 共著	228	3900円
D-16 (第39回)	電磁環境工学	徳田正満 著	206	3600円
D-17 (第16回)	VLSI工学 ─基礎・設計編─	岩田穆 著	182	3100円
D-18 (第10回)	超高速エレクトロニクス	中村徹／三島友義 共著	158	2600円
D-23 (第24回)	バイオ情報学 ─パーソナルゲノム解析から生体シミュレーションまで─	小長谷明彦 著	172	3000円
D-24 (第7回)	脳工学	武田常広 著	240	3800円
D-25 (第34回)	福祉工学の基礎	伊福部達 著	236	4100円
D-27 (第15回)	VLSI工学 ─製造プロセス編─	角南英夫 著	204	3300円

定価は本体価格+税です。
定価は変更されることがありますのでご了承下さい。

図書目録進呈◆